罗布乐思开发官方指南
Lua 语言编程

［美］罗布乐思公司（Roblox Corporation）著
胡厚杨 译
罗布乐思开发者关系团队 审校

人民邮电出版社
北京

图书在版编目（CIP）数据

罗布乐思开发官方指南. Lua 语言编程 / 美国罗布乐思公司（Roblox Corporation）著；胡厚杨译. -- 北京：人民邮电出版社，2023.4
ISBN 978-7-115-60393-7

Ⅰ. ①罗… Ⅱ. ①美… ②胡… Ⅲ. ①游戏程序—程序设计—指南 Ⅳ. ①TP317.6-62

中国版本图书馆CIP数据核字(2022)第210219号

版权声明

Authorized translation from the English language edition, entitled Coding with Roblox Lua in 24 Hours: The Official Roblox Guide 1e by Official Roblox Books(Pearson), published by Pearson Education, Inc, Copyright © 2022.

All rights reserved. No part of this book may be reproduced or transmitted in any form or by any means, electronic or mechanical, including photocopying, recording or by any information storage retrieval system, without permission from Pearson Education, Inc.

CHINESE SIMPLIFIED language edition published by POSTS AND TELECOM PRESS CO., LTD., Copyright © 2023.

本书中文简体字版由 Pearson Education（培生教育出版集团）授权人民邮电出版社独家出版。未经出版者书面许可，任何人或机构不得以任何方式复制或抄袭本书内容。
本书封面贴有 Pearson Education 激光防伪标签，无标签者不得销售。
版权所有，侵权必究。

- ◆ 著　　[美] 罗布乐思公司（Roblox Corporation）
  　译　　胡厚杨
  　审　校　罗布乐思开发者关系团队
  　责任编辑　郭　媛
  　责任印制　王　郁　焦志炜
- ◆ 人民邮电出版社出版发行　北京市丰台区成寿寺路11号
  　邮编　100164　电子邮件　315@ptpress.com.cn
  　网址　https://www.ptpress.com.cn
  　固安县铭成印刷有限公司印刷
- ◆ 开本：787×1092　1/16
  　印张：19.75　　　　　　　　2023 年 4 月第 1 版
  　字数：358 千字　　　　　　 2025 年 4 月河北第 2 次印刷
  　著作权合同登记号　图字：01-2022-1876 号

定价：129.80 元
读者服务热线：(010)81055410　印装质量热线：(010)81055316
反盗版热线：(010)81055315

内容提要

罗布乐思（Roblox）Studio 是融合了 3D 引擎、社交、云存储的开发工具，也是优质的游戏化教育工具。

本书是官方推出的罗布乐思开发指南，旨在帮助读者学会：使用属性、变量、函数、if-then 语句和循环语句编程；使用数组和字典存储信息；使用事件移动事物，制作爆炸、倒计时，以及实现任何人们能想象到的事情；通过抽象和面向对象编程使代码更容易维护；使用数据存储创建排行榜、保存库存数据；使用射线投射让玩家在游戏世界里放置事物，例如家具和道具等。

本书语言通俗易懂，内容循序渐进，在每章结尾设置常见问题及其解决方案、测验及其答案等内容，帮助读者回顾并巩固所学知识。同时，本书还设有练习环节，鼓励读者独立动手练习，以提升开发技能。本书尤其适合新入门的游戏开发者和教育创新者使用。

作者介绍

Genevieve Johnson 是罗布乐思公司的高级教学设计师,她负责教育内容方面的管理,指导世界各地的开发者使用罗布乐思循序渐进地学习编程,她的工作可以帮助学生走上企业家、工程师或设计师的道路。在进入罗布乐思公司工作之前,她是 iD Tech 的教育内容经理。iD Tech 是美国一个每年有超过 5 万名 6 岁至 18 岁学生参与的全国性技术教育科技营。在 iD Tech 工作期间,她协助推出了一项成功的全部由女性参与的 STEAM 方案,她的团队为 60 多门相关技术课程开发了教育内容,并提供了从编程到机器人技术再到游戏设计等各种学科的指导。

译者简介

胡厚杨，毕业于华南理工大学，风铃软件创始人，拥有12年软件行业工作经验、9年创业经验，具备丰富的软件开发和项目管理经验。

他是罗布乐思官方特聘导师，曾指导北京大学、上海交通大学、同济大学等的课程小组开发罗布乐思项目。

他熟悉罗布乐思社区的生态和文化，带领团队开发过多款罗布乐思作品，积累了丰富的罗布乐思开发和运营经验。

他开发的罗布乐思作品如下：

- 《色块派对》，截至2021年12月，累计访问量8.76亿次，日活用户120万，最高同时在线4万人；
- 《超级布娃娃》，截至2021年12月，累计访问量1.83亿次，日活用户60万，最高同时在线1.8万人；
- 《坠块派对》，截至2021年12月，累计访问量1.81亿次，日活用户20万，最高同时在线1.2万人。

推荐词

罗布乐思（Roblox）是全球最大的UGC（User Generated Content，用户生成内容）社区之一，它庞大的用户生态、门槛极低的开发引擎、简洁的作品发布流程等为广大游戏开发者和游戏爱好者提供了非常理想的游戏创作和验证环境。罗布乐思引擎——罗布乐思Studio采用Lua编程语言，因此掌握好Lua是进行罗布乐思游戏创作的必要条件。这本书不仅全面、深入浅出地讲解了Lua的基础语法，还详细介绍了其编程环境——罗布乐思Studio在编程时的各种操作，同时对编写游戏时常用的3D运算、客户端与服务器通信、数据存储、Tween动画、游戏循环结构等罗布乐思引擎特有的功能和API进行了全面的说明。这本书既可以帮助零基础的初学者快速、系统地掌握罗布乐思Lua，也可以帮助已经掌握Lua的开发者深入了解罗布乐思特有的功能和Lua API，可以说它是有志于罗布乐思创作的开发者的常备书。

——袁江海，上海光之海网络技术有限公司创始人

在传统游戏开发和推广的成本不断攀升的大环境下，罗布乐思这个拥有巨大流量的创作社区成为越来越多游戏开发者的首选。作为游戏编辑器，罗布乐思Studio除了提供完整的3D游戏开发功能外，还包含了网络同步和物理引擎、多平台一键发布、多人协作开发、云端版本管理等一系列具有强大生产力的工具，大大降低了游戏开发成本，也让开发者可以更好地专注于游戏本身的制作。这本书强调在实践中学习，手把手教玩家制作属于自己的游戏，既能帮助读者快速上手，也能给读者提供创意空间，帮助读者把天马行空的想法变为现实。希望看到更多有理想、有创意的游戏开发者通过这本书在罗布乐思上大放异彩。

——沈翔，点点互动（北京）科技有限公司CTO

推荐序

作为全球最大的互动社区之一，罗布乐思（Roblox）是数百万创作者和数亿玩家活跃的平台，他们在这里创作、学习和交流，形成了一个活跃、有创造力、充满想象力的社区。与此同时，越来越多的人开始关注罗布乐思是如何成长为今天这样一个强大的社区的。这就要从它的编程语言开始说起。

为什么选择Lua？

当大家第一次接触到罗布乐思开发的时候，不管是初学者还是有经验的开发者，第一个问题可能都是：为什么罗布乐思开发的编程语言是Lua？

相较于C++、C#等在游戏开发中常见的编程语言，Lua其实相对冷门。Lua作为一种轻量级且多范式的编程语言，主要被嵌入其他应用当中使用。Lua方便开发者快速地学习与开发，就如JavaScript一样，只不过后者多用于网页端开发。相比同样轻量且易读的Python来说，Lua的容错能力更强，比如，编写Python时如果出现缩进问题会导致脚本无法运行，Lua则没有这样的问题。对于新手开发者，尤其是青少年来说，轻量、易读且容错能力强的Lua作为罗布乐思Studio的开发语言再合适不过了。

罗布乐思Studio不仅使用Lua作为开发语言，而且罗布乐思的App UI（User Interface，用户界面）也是用Lua编写的。不仅如此，为了使语言更高效、功能更丰富、编写更容易，罗布乐思对Lua 5.1.4版本进行更改和扩展，塑造了一个新的衍生语言Lua（RBX.Lua）。

关于Lua的选择，我们还可以从更早期开始追溯。

罗布乐思的元宇宙愿景

为什么罗布乐思会如此青睐Lua这样一款冷门语言？这还要从罗布乐思对元宇宙长期的愿景说起。罗布乐思的愿景是搭建元宇宙，而搭建元宇宙的各种必要元素，我们也面向大众进行过详细的阐述：

identity, variety, friends, anywhere, immersive, economy, low friction, civility.
（身份认同、多样性、社交关系、任意地点、沉浸体验、经济循环、低延迟、礼仪文明。）

在这里我必须强调的一点是，所有这些元素的存在，都基于一个支持UGC的游戏开发引擎。可以说，罗布乐思独有的游戏开发引擎就是它的灵魂。而基于这款游戏开发引擎，找到一个合适的交互工具，让所有的开发者可以快速上手，以相对简单的方式高效完成作品，便成为罗布乐思成功的关键。时至今日，我们能看到这个交互工具的一部分，就是罗布乐思Studio。创作者会将其比喻成"画布"和"颜料"，而于此之上的"画笔"和"动作"，即由什么语言来撰写、如何撰写，则是接下来要解决的问题。

在这种情况下，也许大部分人会认为使用当下比较通用的语言是一个不错的选择，因为通用的语言容易吸引更多成熟的开发者。但是罗布乐思另辟蹊径，用一个不同的思路来看待这个问题，于是做出了不太常规的选择。在这个过程中，其实我们会发现，选择Lua与罗布乐思一直以来的文化息息相关。元宇宙是一个非常未来化的概念，当我们选择通往未来的道路的时候，我们优先考虑的并不是这门语言在今天有多通用，而是使用这门语言能在多大程度上助力我们或者适配我们达成目标，从而抵达最终目的地。

因此对于元宇宙来说，我们最看重的就是所选语言的简易程度、拓展性和效率。

- ▶ 简易程度对于罗布乐思十分重要。因为作为一个UGC社区，我们吸引的用户除了非常有经验的开发者，更多的还是对3D元宇宙有兴趣的初级开发者，一款上手简单的脚本语言是再合适不过的入门方式。
- ▶ 跟任何社区一样，罗布乐思开发者社区也会在不断壮大的同时展现出更多的对高级语言的需求，所以语言的拓展性也同样重要。
- ▶ 在3D世界里，玩家体验的效果基础是效率，一个故事再精彩的游戏，如果经常卡顿，也不会有任何用户愿意玩。所以语言的效率也是极为重要的。

而对于Lua的选择，正是基于这三个最重要的点。这样一看，Lua成为罗布乐思的编程语言这件事，就水到渠成了。

而随着罗布乐思社区拥有越来越多的创作者，大家也开始逐步认识到Lua的强大与便捷。与此同时，游戏开发也不仅仅是专业团队的事了，越来越多的独立创作者进入这个赛道，去实现他们的创意和想法。因此，如何让更多人习得Lua，尽情体验创作的快乐，就变得尤为重要。

关于游戏开发，我们就从这里开始

对于游戏开发而言，我们都知道编程是必不可少的技能。游戏中的一切功能、玩法与设计，都要经过程序的编写才能得以实现。不论是按下按键后角色的运动，击败敌人时分数的增加，还是场景里道具的交互，其背后都是一行行运行着的代码。

在传统的游戏开发引擎中，开发者们需要完成诸如自行搭建服务器、为不同的设备配机型、与操作系统进行适配、保存玩家数据等大量与游戏本身内容无关的工作，而像是数据后台、运维容灾、好友聊天、网络通信等多人在线游戏所必需的功能，更是让个人开发者和小型团队望而却步。因此，许多对游戏开发饱含热情的开发者，无奈之下只能选择开发单机游戏和小游戏，这无疑限制了广大开发者的想象力与创造力。

在罗布乐思的创作环境中，上述功能已经为开发者封装打包好了，只需简单调用即可。除此以外，罗布乐思更搭配有自带的玩家社区运营工具。开发者可以免去繁杂的后端搭建工作，轻松地与喜爱自己游戏的玩家进行交流，收集反馈和发布更新，从而专注于实现游戏玩法创意。

综上所述，不论你是一位初入游戏开发领域的新手，还是精力有限但又想要尝试多人网络游戏的个人开发者，罗布乐思无疑都是你最佳的选择。

长久以来，国内的开发者一直苦于没有优秀的中文学习资料，而关于 Lua 这款较为冷门的编程语言的学习资料更是少之又少，更不用说为 Lua 语言和游戏开发的应用场景所专门准备的教材了。对罗布乐思抱有浓厚兴趣的开发者，如果因语言问题而被拒之门外，着实让人觉得可惜。

《罗布乐思开发官方指南：Lua 语言编程》正是一本为了解决这一问题，由罗布乐思官方撰写、翻译的书。这不单是一本编程语言的学习教材，更是一本从游戏开发的角度配合游戏开发中的实际应用场景进行讲解的全方位教学指南。

这本书将站在游戏开发者的角度，深入浅出地讲解 Lua 语言编程，带你推开元宇宙与游戏开发的大门。

邹嘉，罗布乐思开发者关系副总裁

资源与支持

本书由异步社区出品,哔哩哔哩网站罗布乐思官方账号提供相关资源,异步社区(https://www.epubit.com)提供后续服务。

配套资源

本书提供如下资源:

▶ 罗布乐思新手视频教程(入门篇、物理篇、代码初学篇、进阶篇)。

扫描右侧的二维码,进入哔哩哔哩网站罗布乐思官方账号"罗布乐思开发者"的主页(或者以网页、App 的方式打开哔哩哔哩网站主页,搜索"罗布乐思开发者"),进入合集和列表(网页)或视频(App),可以查看以上视频教程。

提交错误信息

作者、译者和编辑尽最大努力来确保书中内容的准确性,但难免存在疏漏。欢迎您将发现的问题反馈给我们,帮助我们提升图书的质量。当您发现错误时,请登录异步社区,按书名搜索,进入本书页面,输入错误信息,单击"提交勘误"按钮(见下图)。本书的作者、译者和编辑会对您提交的错误信息进行审核,确认并接受后,您将获赠异步社区的 100 积分。积分可用于在异步社区兑换优惠券、样书和奖品。

扫码关注本书

扫描右侧的二维码,您将会在异步社区微信服务号中看到本书信息及相关的服务提示。

与我们联系

我们的联系邮箱是 contact@epubit.com.cn。

如果您对本书有任何疑问或建议，请您发邮件给我们，并请在邮件标题中注明本书书名，以便我们更高效地做出反馈。

如果您有兴趣出版图书、录制教学视频，或者参与图书翻译、技术审校等工作，可以发邮件给我们；有意出版图书的作者也可以到异步社区在线投稿（直接访问 www.epubit.com/contribute 即可）。

如果您所在的学校、培训机构或企业想批量购买本书或异步社区出版的其他图书，也可以发邮件给我们。

如果您在网上发现有针对异步社区出品图书的各种形式的盗版行为，包括对图书全部或部分内容的非授权传播，请您将怀疑有侵权行为的链接通过邮件发给我们。您的这一举动是对作者权益的维护，也是我们持续为您提供有价值的内容的动力之源。

关于异步社区和异步图书

"**异步社区**"是人民邮电出版社旗下IT专业图书社区，致力于出版精品IT图书和相关学习产品，为作译者提供优质出版服务。异步社区创办于2015年8月，提供大量精品IT图书和电子书，以及高品质技术文章和视频课程。更多详情请访问异步社区官网 https://www.epubit.com。

"**异步图书**"是由异步社区编辑团队策划出版的精品IT专业图书的品牌，依托于人民邮电出版社近40年的计算机图书出版积累和专业编辑团队。异步图书的出版领域包括软件开发、大数据、人工智能、测试、前端、网络技术等。

异步社区

微信服务号

目录

第1章 编写你的第一个项目   1

    1.1 安装罗布乐思Studio   2
    1.2 罗布乐思Studio概述   2
    1.3 打开输出窗口   4
    1.4 编写第一个脚本   5
       1.4.1 在部件中创建脚本   5
       1.4.2 编写代码   7
       1.4.3 编写实现爆炸效果的代码   8
    1.5 错误信息   9
    1.6 代码的注释   10
       总结   11
       问答   11
       实践   11
       练习   12

第2章 属性和变量   13

    2.1 对象的层次结构   14
    2.2 关键字   14
    2.3 属性   15
    2.4 查找属性和数据类型   16
    2.5 创建变量   16
    2.6 修改颜色属性   19
    2.7 实例   20

       总结   21
       问答   21
       实践   21
       练习   22

第3章 创建和使用函数   23

    3.1 创建和调用函数   23
    3.2 了解作用域   25
    3.3 使用事件调用函数   25
    3.4 了解顺序和位置   28
       总结   31
       问答   31
       实践   32
       练习   32

第4章 使用参数   33

    4.1 给函数提供信息   33
    4.2 使用多个参数   36
    4.3 函数返回值   38
    4.4 返回多个值   39
    4.5 返回nil   40
    4.6 处理不匹配的参数   41

4.7	使用匿名函数	42
📅	总结	43
🔔	问答	43
💎	实践	43
📋	练习	43

第5章　条件结构　44

5.1	if-then语句	45
5.2	elseif	48
5.3	逻辑运算符	49
5.4	else	50
📅	总结	56
💎	实践	56
📋	练习	57

第6章　防抖和调试　58

6.1	使用防抖来避免瞬间摧毁事物	58
6.2	查找出现问题的原因	66
	6.2.1　使用输出语句调试	66
	6.2.2　调整数值测试	68
	6.2.3　检查特性的值	69
	6.2.4　使用正确类型的值	69
📅	总结	70
🔔	问答	70
💎	实践	70
📋	练习	71

第7章　while循环　72

7.1	无限循环：while true do	72
7.2	要记住的一些事情	73
7.3	while循环和作用域	78
📅	总结	78
🔔	问答	79
💎	实践	79
📋	练习	80

第8章　for循环　81

8.1	for循环介绍	82
	8.1.1　增量值是可选的	84
	8.1.2　不同的for循环示例	84
8.2	嵌套循环	87
8.3	打破循环	88
📅	总结	88
🔔	问答	88
💎	实践	88
📋	练习	89

第9章　使用数组　90

9.1	什么是数组?	90
9.2	添加对象到数组中	91
9.3	从特定索引获取信息	91
9.4	使用ipairs()输出整个列表	92
9.5	文件夹和ipairs()	93
9.6	在列表中查找值并输出相应索引	96
9.7	从数组中删除值	97
9.8	数字for循环和数组	98

9.8.1	使用for循环查找和删除所有值	98
9.8.2	只搜索数组的一部分	99
📅	总结	99
🔔	问答	99
💎	实践	99
📋	练习	100

第10章　使用字典　101

10.1	字典简介	101
10.1.1	创建字典	102
10.1.2	键的格式	102
10.1.3	使用字典的值	103
10.1.4	使用唯一的键	104
10.2	添加键值对	104
10.3	删除键值对	105
10.4	使用字典和键值对	107
10.5	从字典中返回查找到的内容	107
📅	总结	116
🔔	问答	116
💎	实践	116
📋	练习	117

第11章　客户端与服务器　118

11.1	了解客户端和服务器	118
11.2	使用GUI	119
11.3	了解RemoteFunction	121
11.4	使用RemoteFunction	122
📅	总结	130
🔔	问答	130
💎	实践	130
📋	练习	131

第12章　远程事件：单向通信　132

12.1	单向通信	132
12.2	从服务器到所有客户端的通信	133
12.3	从客户端到服务器的通信	135
12.4	从服务器到一个客户端的通信	140
12.5	从客户端到客户端的通信	141
📅	总结	141
💎	实践	141
📋	练习	141

第13章　使用ModuleScript　142

13.1	只编写一次代码	142
13.2	ModuleScript的存放位置	143
13.3	了解ModuleScript的工作原理	143
13.4	命名ModuleScript	143
13.5	添加函数和变量	144
13.6	了解ModuleScript的作用域	145
13.7	在其他脚本中使用ModuleScript	145
13.8	不要写重复的代码	152
13.9	抽象	152
📅	总结	153

	问答	153
	实践	153
	练习	154

第14章　3D世界空间编程　155

14.1	了解x、y、z坐标	155
14.2	使用CFrame坐标放置事物	156
14.3	偏移CFrame	158
14.4	给CFrame添加旋转	159
14.5	移动模型	159
14.6	世界坐标和相对坐标	160
	总结	162
	实践	163
	练习	163

第15章　平滑的动效　164

15.1	了解渐变	164
15.2	配置TweenInfo参数	166
15.3	把渐变连接起来	171
	总结	172
	实践	172
	练习	173

第16章　使用算法处理问题　174

16.1	算法的定义	174
16.2	对数组进行排序	175
16.3	按降序进行排序	177
16.4	对字典进行排序	178
16.5	按多条信息进行排序	181

	总结	182
	实践	182
	练习	183

第17章　保存数据　184

17.1	打开数据存储的设置项	184
17.2	创建数据存储	185
17.3	使用数据存储	185
17.4	调用频次限制	190
17.5	保护你的数据	190
17.6	保存玩家数据	191
17.7	使用UpdateAsync更新数据存储	191
	总结	192
	问答	193
	实践	193
	练习	193

第18章　创建游戏循环　194

18.1	设计游戏循环	194
18.2	使用BindableEvent	195
	总结	203
	问答	204
	实践	204
	练习	204

第19章　面向对象编程　205

19.1	什么是面向对象编程？	205

19.2	组织代码和项目	205
19.3	创建一个类	206
19.4	添加类属性	207
19.5	使用类函数	209
📅	总结	215
💎	实践	216
📋	练习	217

第20章　继承　218

20.1	创建继承	219
20.2	继承属性	221
20.3	使用多个子类	224
20.4	继承函数	225
20.5	了解多态性	225
20.6	调用父函数	229
📅	总结	231
💎	实践	232
📋	练习	232

第21章　射线投射　233

21.1	创建射线投射	233
21.2	根据两点获取方向	236
21.3	设置射线投射参数	236
21.4	限制距离	240
📅	总结	240
🔔	问答	240
💎	实践	240
📋	练习	241

第22章　在游戏中摆放物品1　242

22.1	创建物品	243
22.2	制作摆放按钮	245
22.3	跟踪鼠标指针移动	247
	22.3.1　BindToRenderStep()函数	247
	22.3.2　鼠标指针的射线投射	249
22.4	预览物品	251
📅	总结	254
🔔	问答	254
💎	实践	254
📋	练习	255

第23章　在游戏中摆放物品2　256

23.1	检测鼠标输入	257
23.2	向服务器发送信息	259
23.3	获取信息	260
📅	总结	262
🔔	问答	263
💎	实践	263
📋	练习	263

附录A　罗布乐思基础知识　264

A.1	Lua中的保留关键字	264
A.2	数据类型索引	265
A.3	运算符	266
A.4	命名约定	267
A.5	动效参数	268
A.6	练习的参考方案	268

第 1 章

编写你的第一个项目

在这一章里你会学习：
- ▶ 为什么罗布乐思和Lua是"合拍"的组合；
- ▶ 罗布乐思Studio的主界面；
- ▶ 如何用你的第一行代码向世界说"你好"；
- ▶ 如何用代码实现部件爆炸效果；
- ▶ 如何检查错误；
- ▶ 如何添加注释。

罗布乐思是一个十分受欢迎的游戏开发社区，它让不同职业的人能在一起创造出优秀的作品，这些人包括美术设计师、音效师，以及——你猜对了——程序员。

编程可以让玩家与事物产生互动。罗布乐思使用的编程语言是 Lua。Lua 是最容易学习的编程语言之一，它与罗布乐思 Studio 一起使用时，其代码的执行结果可以快速呈现。例如，一个范围巨大的爆炸效果只需要几行 Lua 代码就可以实现。

罗布乐思 Studio 是创作罗布乐思作品的工具，它通常会与 Lua 配合，以便捷地使用多人服务器、物理和照明系统、场景构建工具、货币化系统等。其中，罗布乐思 Studio 提供程序执行的环境。

如果你能进行美术设计，你就是创造者和设计师的结合，罗布乐思 Studio 提供了"画布"和"颜料"，而 Lua 提供了"画笔"和"动作"，你可以编写代码来实现你的创意。下面介绍如何配置罗布乐思 Studio，以及用它创建你的第一个脚本，并测试你的代码。

2 第 1 章 编写你的第一个项目

1.1 安装罗布乐思Studio

罗布乐思 Studio 可以在 Windows 平台和 Mac OS 平台上运行。你可以在罗布乐思创作中心官网（见图 1.1）下载并安装罗布乐思 Studio。

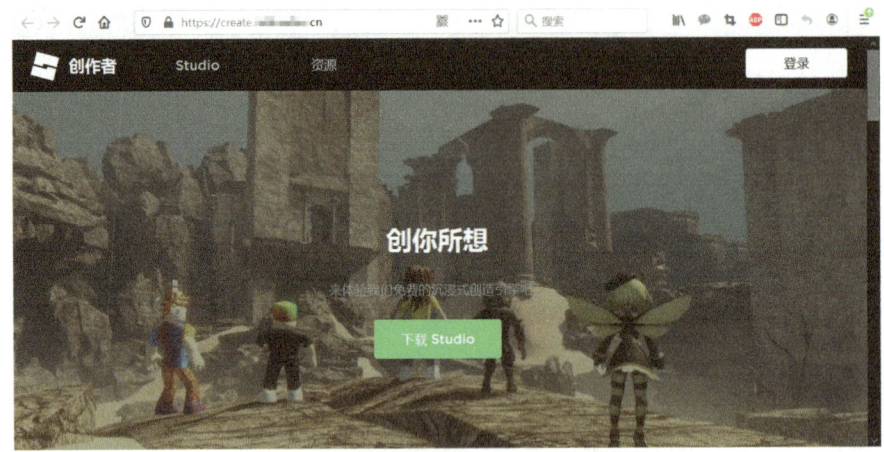

图1.1 罗布乐思创作中心官网

1.2 罗布乐思Studio概述

罗布乐思 Studio 提供创建游戏所需的一切，包括角色模型、放置在游戏世界中的物品、天空图、音效等资源。

打开罗布乐思 Studio，其登录界面如图 1.2 所示，可以使用微信或者 QQ 登录。

图1.2 罗布乐思Studio登录界面

1.2 罗布乐思 Studio 概述

首次打开罗布乐思 Studio 时，你会看到一些模板，可以选择其中之一作为作品的起始场景。最简单的项目起始场景是 Baseplate 模板。选择 Baseplate 模板，如图 1.3 所示。

图1.3 选择Baseplate模板

先从图 1.4 所示的罗布乐思 Studio 主界面中快速概览其主要部分，然后开始你的第一行代码。

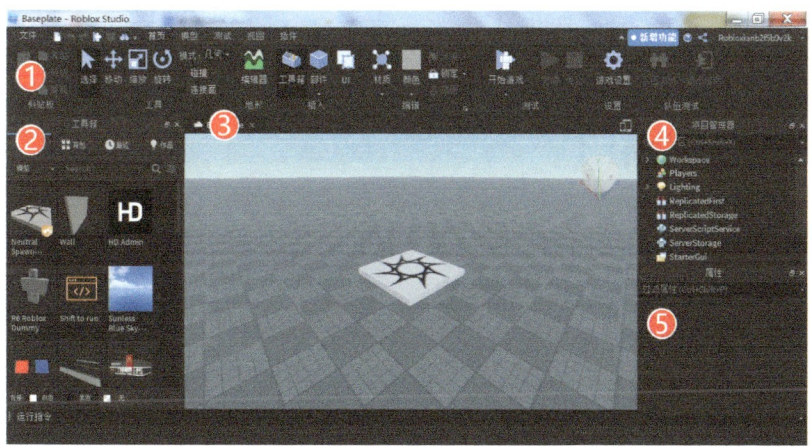

图1.4 罗布乐思Studio主界面

1. 工具栏功能区：其中的功能会根据选择的菜单选项卡发生变化。
2. 工具箱：包含可用于游戏的资源。还可以使用 Blender3D 等 3D 建模软件来制作自己的资源，罗布乐思 Studio 包含一组网格编辑工具，可用于自定义 3D 模型。
3. 3D 编辑器：提供游戏世界视觉窗口。按住鼠标右键拖动鼠标可以转换视角，按 W、A、S、D 等键可以移动摄像机。表 1-1 所示为摄像机的控制方法。

表1-1 摄像机的控制方法

按键	实现动作
W、A、S、D	移动摄像机,分别对应向上、左、下、右移动
E	升起摄像机
Q	下降摄像机
Shift	缓慢移动摄像机
鼠标右键(按住并拖动鼠标)	旋转摄像机
鼠标中键(按住并拖动鼠标)	拖动摄像机
鼠标滚轮	放大或缩小镜头
F	聚焦到选中对象

4. 项目管理器:用于便捷地查看游戏中的关键资源和系统,可以使用它在作品中创建对象。

5. 属性窗口:用于查看和修改游戏中对象的属性,例如颜色、比例等。在项目管理器中选择一个对象,就可以查看其属性。

配置罗布乐思 Studio 主界面包括隐藏某些元素、调整位置、改变大小等。

罗布乐思 Studio 是一个非常完整的游戏开发环境,不只是 Lua,其所涵盖的知识范围很广,有兴趣的读者可以查看《罗布乐思开发官方指南:从入门到实践》以了解更多。

1.3 打开输出窗口

罗布乐思 Studio 中的输出窗口默认是关闭的,在开发过程中需要将其打开,以查看与代码执行相关的错误提示和其他信息。

可以按照以下步骤打开输出窗口。

1. 单击"视图"选项卡(见图1.5)。如果你关闭了一个窗口,又需要重新打开它,可以在这里进行操作。

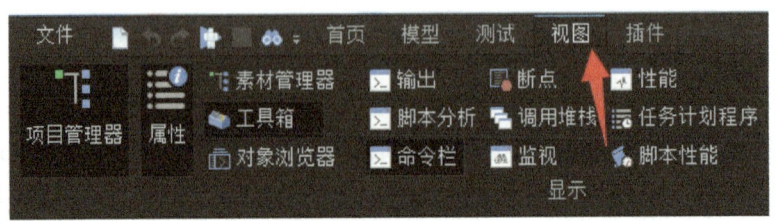

图1.5 "视图"选项卡

2. 单击"输出"（见图 1.6），屏幕底部会显示输出窗口，如图 1.7 所示。

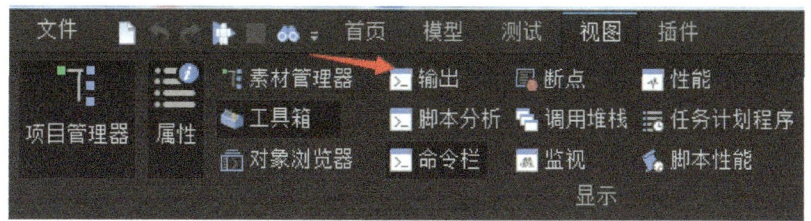

图1.6 单击"输出"

图1.7 输出窗口

1.4 编写第一个脚本

下面开始编程。代码需要脚本来存储，而脚本可以直接创建在游戏世界的对象中。本节把脚本创建在部件中。

1.4.1 在部件中创建脚本

部件是罗布乐思的基本构建元素。部件的尺寸可以很小，也可以很大；可以是简单的形状，例如球形或楔形，也可以是由多个形状组合成的复杂形状。

1. 在"首页"选项卡中单击"部件"创建部件（见图 1.8），新创建的部件会出现在 3D 编辑器中，位于摄像机的视觉中心。

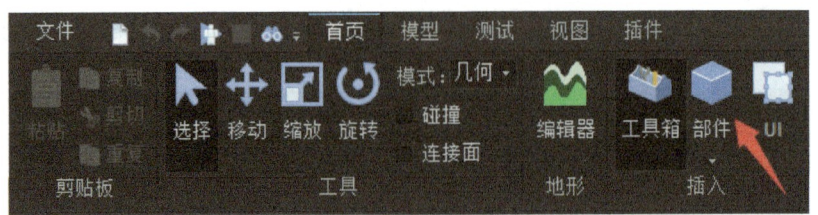

图1.8 单击"首页"选项卡中的"部件"创建部件

2. 在项目管理器中,把鼠标指针悬停在部件上,并单击"+"符号,在弹出的菜单中选择 Script(见图 1.9),创建脚本。

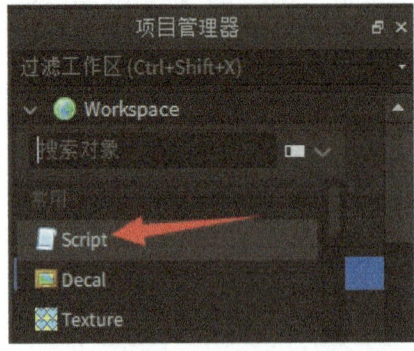

图1.9 在弹出的菜单中选择Script

提示 快速查找对象

在弹出的菜单中输入对象名的第一个字母(本例是 Script,所以第一个字母为 S)或前两个字母,会显示过滤的列表,从而可以快速找到要创建的对象。

脚本会自动在编辑器中打开,在编辑器的顶部可以看到所有程序员都熟悉的用于输出"Hello world!"的默认代码(见图 1.10)。

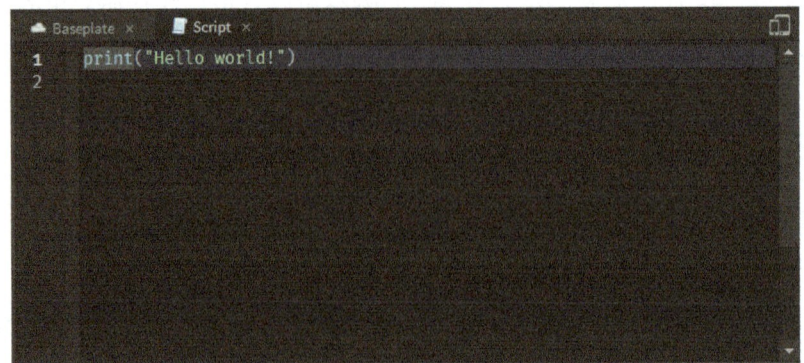

图1.10 默认代码

1.4.2 编写代码

从 1970 年以来,输出"Hello world!"一直是人们学习编程的第一句代码。函数是用于实现特定目的的代码块。在学习编程的过程中,会使用到预构建函数,例如 print(),它用于在输出窗口中显示信息。同时,你也会学习如何创建自己的函数。

print() 用于显示一个字符串,字符串是由字母、数字等组成的。在脚本示例中输出的字符串是"Hello world!"。

1. 把示例代码改为你自己的代码,修改双引号内的内容,如今晚想要的晚餐,示例如下。

代码清单 1-1

```
print("I want lots of pasta")
```

2. 测试代码,在"首页"选项卡中单击"开始游戏"测试代码(见图 1.11)。

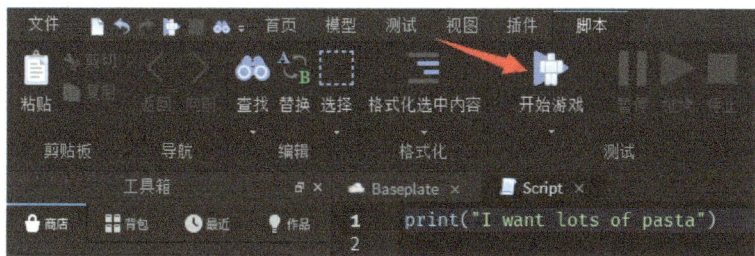

图1.11 单击"开始游戏"测试代码

你的游戏形象会出现在游戏世界里。你可以在输出窗口中看到输出的字符串信息(见图 1.12),包括输出该信息的脚本。

图1.12 字符串显示在输出窗口中

3. 要退出测试,单击"停止"(见图 1.13)即可。

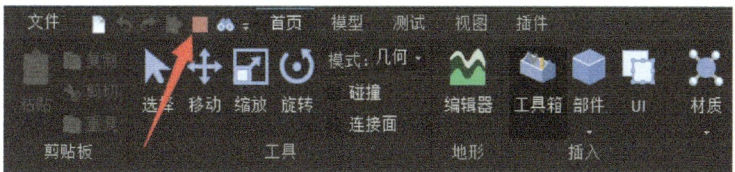

图1.13 单击"停止"退出测试

4. 单击3D编辑器上方的选项卡可以返回到对应脚本,如图1.14所示。

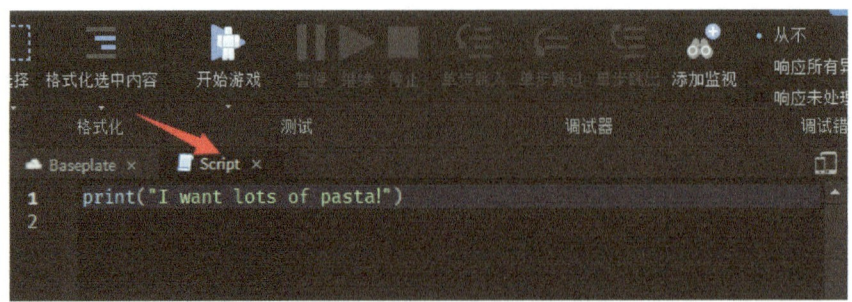

图1.14 单击Script选项卡返回脚本

1.4.3 编写实现爆炸效果的代码

代码可以做的不仅是通过输出窗口显示信息,它还可以改变玩家与游戏世界的互动方式,让游戏世界变得更加生动。下面在Baseplate模板中创建一个部件,用一段稍长的代码让触碰到部件的东西被破坏,产生爆炸效果。

1. 使用移动工具把部件移离地面,并远离其"出生"点(见图1.15)。因为要编写的代码会破坏触碰到部件的东西,所以要避免这些东西因过早地被破坏而消失。

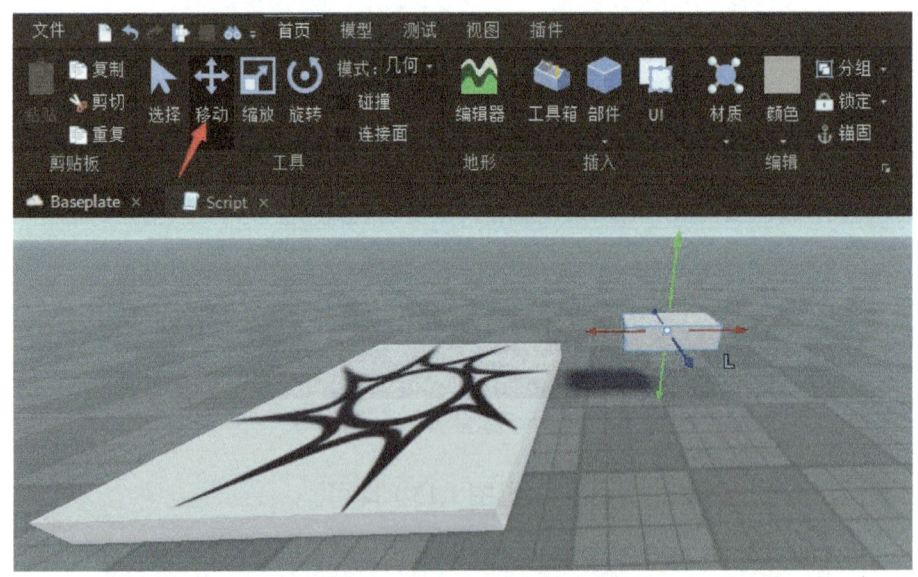

图1.15 把部件向上移动并远离其"出生"点

2. 在属性窗口中展开Part,并勾选Anchored(见图1.16),使得单击"开始游戏"时部件不会掉落。

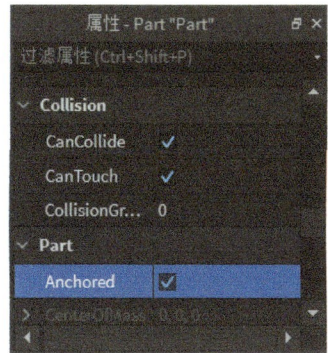

图1.16 勾选Anchored

3. 在脚本的输出函数下方添加代码（见代码清单1-1）。

代码清单 1-2
```
print("I want lots of pasta!")

-- 破坏触碰部件的任何东西
local trap = script.Parent
local function onTouch(partTouched)
    partTouched:Destroy()
end
trap.Touched:Connect(onTouch)
```

4. 单击"开始游戏"执行代码，并触碰部件。

代码执行结果应该是玩家角色被破坏。你可能会注意到，此代码只会破坏直接触碰到部件的东西，例如玩家角色的脚。你可以尝试控制玩家角色跳到部件顶部或用手触碰部件，会看到只有玩家角色触碰到部件的部分被破坏。

这是因为代码只做你"告诉"它的事情，而你"告诉"代码只破坏触碰到部件的东西。如果要破坏整个玩家角色，则必须"告诉"代码如何摧毁整个玩家角色。在本书中，你将学习编写代码来处理更多类似这样的场景。在第4章"使用参数"中，你将会学习如何破坏整个玩家角色。

1.5 错误信息

代码不起作用怎么办？其实许多程序员都会在编写代码时犯错，所以不用过度在意，编辑器和输出窗口可以帮助你发现错误并修复它。尝试犯一些错误，可以学习如何更好地发现错误。

1. 删除print()函数的反括号，代码下方会出现一条红线（见图1.17）。在编辑器中，红线表示发现了错误。

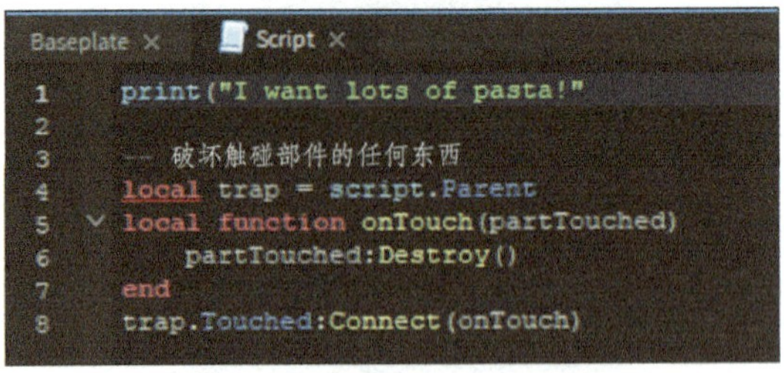

图1.17　红线表示编辑器发现了错误

2. 把鼠标指针悬停在红线上，编辑器会显示一条错误信息（见图1.18），提示出了什么问题。暂时先不要修复错误。

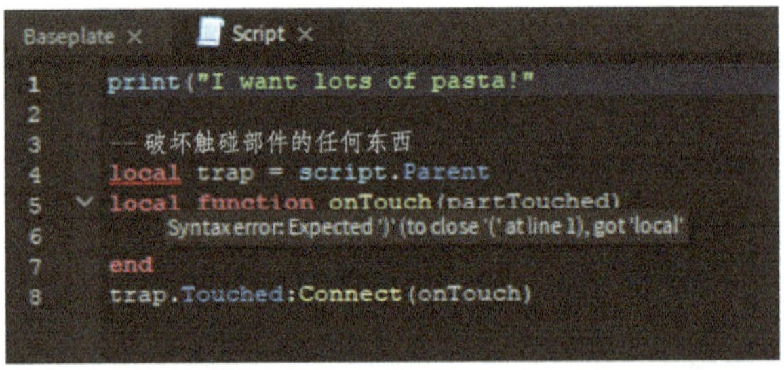

图1.18　把鼠标指针悬停在红线上时，会显示一条错误信息

3. 单击"开始游戏"，输出窗口中会显示错误信息，如图1.19所示。单击红色错误信息，编辑器会定位到问题所在的位置。

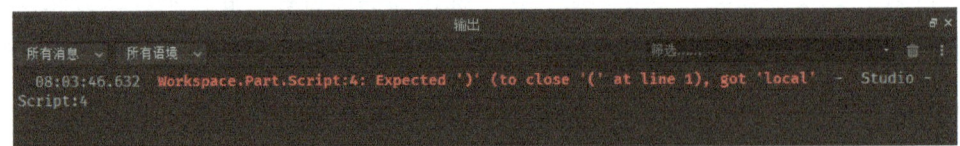

图1.19　输出窗口中会显示错误信息

此时应停止游戏测试，修复问题。

提示　游戏测试期间所做的更改不会自动保存

在游戏测试过程中进行更改要小心，因为你所做的更改是不会自动保存的。

1.6　代码的注释

在前面的代码中，你可能会注意到这句话"-- 破坏触碰部件的任何东西"，这是一条注释。注释以两个半字线开头，与半字线位于同一行的内容不会影响脚本的执行结果。

程序员使用注释来为自己和其他人说明代码的功能或留下一些提示性文字，毕竟当一个人很久没有看一段代码时，是很容易忘记它的作用的。

以下是本章前面编写的脚本的顶部注释。

代码清单 1-3
```
-- 晚餐想吃什么？
print("I want lots of pasta!")
```

 ## 总结

在短短一章里，你已经取得了很大的进步，如果你是第一次学习编程或使用罗布乐思Studio，进步会尤其明显。这一章介绍了如何创建账户和使用罗布乐思Studio，通过"+"符号可以在部件中创建脚本，然后编写代码，把部件变成一个"陷阱"，让任何触碰到它的对象都被破坏。

另外，本章还介绍了如何使用"开始游戏"测试代码，你可以使用脚本编辑器和输出窗口的错误检测功能来帮助你排查问题。

最后，本章还介绍了注释，注释在编辑器中用于说明代码的作用，方便阅读。

问答

问　可以在Chromebook上使用罗布乐思Studio吗？
答　不可以，罗布乐思Studio必须运行在Mac OS或Windows平台上。游戏发布后，即可在Android、iOS、iPadOS、Mac OS、Windows、Chrome和Xbox等平台上开始游戏。
问　如果脚本被关闭了，如何重新打开它？
答　可以在项目管理器中双击脚本对象来重新打开它。
问　如何保存我的工作？
答　单击"文件"→"保存至Roblox"把修改保存到云端，这样就可以在任何计算机上打开你的游戏。
问　如何了解罗布乐思Studio的更多信息？
答　可以访问罗布乐思开发者官方网站来查看罗布乐思Studio的所有功能和API文档。

 ## 实践

回顾所学知识，完成测验。

测验

1. 罗布乐思Studio使用_____编程语言。
2. 可以在_____窗口中查看游戏对象的属性，例如颜色、旋转角度等。

第 1 章 编写你的第一个项目

3. 游戏对象可以在＿＿＿＿＿＿中找到。
4. 要打开输出窗口来显示错误提示和其他信息，请在"＿＿＿＿＿＿"选项卡中打开它。
5. 判断对错：注释可以增加代码的功能。

答案

1. Lua。　2. 属性。　3. 项目管理器。　4. 视图。　5. 错的，注释不会影响代码的执行结果。

练习

使用本章所学知识制作一个迷你障碍游戏（见图 1.20）来熟悉罗布乐思 Studio 的创作工具，游戏中可以包含一些需要玩家角色躲开的部件，也可以包含图中所示的熔岩地板。

图1.20　使用本章所学知识制作的迷你障碍游戏

提示

▶ 创建许多部件，然后使用"首页"选项卡中的移动、缩放和旋转工具来对部件进行操作（见图 1.21），还可以在其中修改部件的材质、颜色等属性。

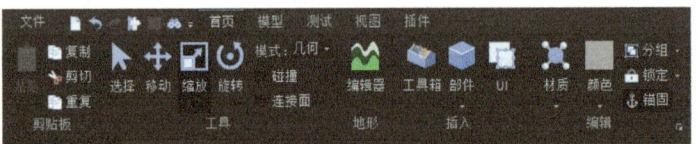

图1.21　使用"首页"选项卡中的工具来创建和操作部件

▶ 创建一个大部件，然后在部件里创建一个脚本，参考前面的破坏任何东西的代码，把部件变成熔岩。
▶ 可以在工具箱中查找更多模型。请注意，某些模型中可能包含了脚本。
▶ 锚固所有部件和模型。
▶ 如果你知道如何使用地形工具，也可以用它来制作障碍游戏。

第 2 章

属性和变量

在这一章里你会学习：
- ▶ 项目管理器中对象的父子关系；
- ▶ 如何修改对象的属性；
- ▶ 如何创建变量；
- ▶ 如何给变量赋值；
- ▶ 哪种变量的数值可以保持不变；
- ▶ 如何创建对象的实例。

在本章中，你将学习如何在层次结构中找到要修改的对象，制作一个可爱的 NPC（Non-Player Character，非玩家角色）用于游戏指引，NPC 可以向玩家提示游戏中的危险，如图 2.1 所示。你可以使用代码修改部件的外观和行为来制作 NPC。

图2.1　NPC向玩家提示游戏中的危险

2.1 对象的层次结构

如果想用代码控制某些对象，则需要找出这些对象在游戏层次结构中的位置。查看项目管理器中的对象，可以看到一些游戏对象嵌套在其他对象中。例如，在图 2.2 中，Baseplate 对象嵌套在 Workspace 对象内，这说明 Baseplate 是 Workspace 的子对象，Workspace 是父对象。其实 Workspace 也是 game 的子对象，只是项目管理器中没有显示 game 对象。

图2.2　Baseplate是Workspace的子对象

在代码中，可以使用点号来表示游戏的层次结构，例如 game.Workspace.Baseplate，这就告诉了代码需要使用什么对象。

▼ 小练习

查找对象并将其销毁

使用点号在 Workspace 中调用 Baseplate，然后使用 Destroy() 来销毁 Baseplate。

1. 在 Baseplate 中创建脚本，然后双击或按 F2 键来重命名脚本为 DestroyBaseplate（见图 2.3）。

提示　重命名脚本

　　重命名项目中的脚本可以使项目条理清晰。

---

2. 在脚本中输入 game.Workspace.Baseplate:Destroy()。
3. 测试游戏，底板 Baseplate 会被销毁，它也可能在玩家角色加载之前被销毁。

图2.3　重命名脚本

2.2 关键字

关键字是编程语言中预先保留的词，每个关键字都有特殊的含义。Lua 的关键字比大多数编程语言少，这让它成为最容易学习的编程语言之一。罗布乐思 Lua 中的一些关键字是内置在 Lua 中的，还有一些是罗布乐思为了让编程效率更高而增加的。例如罗布乐思 Lua 中的一个关键字 workspace（小写），因为 game.Workspace 在开发中使用频率较高，所以罗布乐思工程师决定提供一个关键字 workspace 来缩短它。

▼ 小练习

使用关键字 workspace
修改刚刚编写的代码,即使用关键字 workspace 代替 game.Workspace。
1. 在代码中把 game.Workspace 替换为 workspace。

提示　注意正确的大小写
　　　关键字是区分大小写的,所以要确保 workspace 是小写的。

---

2. 测试游戏,验证代码是否仍然有效。

使用点号不仅可以调用对象的子对象,还可以调用其父对象。通常使用关键字 script 来调用脚本对象的父对象,不管脚本对象的名称是什么,script 都代表脚本对象自己。

▼ 小练习

缩短代码
可以使用 script.Parent 来缩短代码,并用 Destroy() 来销毁底板 Baseplate。
1. 在之前的脚本中用 script.Parent:Destroy() 替换代码。

提示　利用自动补全功能
　　　你在输入代码时,会看到建议的代码,此时你可以按回车键接受建议。这样可以节省打字时间,并且最大限度地降低打错字的概率。

---

2. 测试游戏,验证你的代码。

本书的附录提供了完整的 Lua 关键字列表。

2.3 属性

点号除了可以表示游戏对象的层次结构,还可以调用对象的属性。那什么是属性呢?我们用一个例子来解释,观察图 2.4 中的花,你怎么向别人描述它呢?

可能你开始会说它是一种植物,当被问到更多信息时,你可能会说它是一种有黄色花瓣的绿色植物。工程师可能会添加额外的细节,例如它是一株黄色花瓣的绿色植物,高 3 个单位,宽 2 个单位。根据图 2.5,可能有人会说它着火了。

图2.4 一朵花

图2.5 燃烧的花

你所描述的一个对象的所有特点都是该对象的属性。

2.4 查找属性和数据类型

当你在项目管理器中单击不同对象时，属性窗口中的对象属性列表是会变化的，各个属性中的数值的格式称为数据类型。以下是一些重要的数据类型。

- **Number**：数字，也就是实数，例如 11.9。
- **String**：字符串，用双引号引起来的字符，用于存储信息。print() 可输出字符串类型的数据，例如"99 根香蕉"。
- **Boolean**：布尔，值为 true 或者 false。一般具有开、关状态或选中、未选中状态的属性使用布尔类型。
- **Tables**：表格，一组信息，例如 {Amy, Bill, Cathleen}。

更多数据类型的介绍，请参阅附录。

2.5 创建变量

现在你已经学会了如何在层次结构中查找对象，了解了属性具有特定的数值格式（称为数据类型），下面就可以开始创建变量了。

变量用于存放信息，一般用于保存对象和各种类型的数据。某些变量只能在特定脚本或代码块中使用，被称为局部变量；而有些变量可以在脚本中广泛地使用，被称为全局变量。

一般情况下的变量都是局部变量，除非有特殊的原因，否则不会用到全局变量。局部变量可以使代码执行得更快，并且不太容易出现名称冲突的问题。本书中创建的变量几乎都是局部变量。

要创建局部变量，先输入local，然后输入所需的变量名称，举例如下。

代码清单 2-1
```
local baseplate
```

创建变量后，可以使用等号设置变量的值，举例如下。

代码清单 2-2
```
local baseplate = script.Parent
```

可以把等号看作"是"，所以上面的变量可以读作"baseplate 是 script.Parent"。创建变量后，可以使用变量名称多次访问变量保存的信息，举例如下。

代码清单 2-3
```
local baseplate = script.Parent
baseplate.Transparency = 0.5
```

可以根据需要随时更新变量的值，如果使用变量来保存游戏中的得分，那么每次玩家的得分改变时，都把更新后的得分赋给变量，如下所示。

代码清单 2-4
```
local playerScore = 10

print("playerScore is " .. playerScore)

local playerScore = playerScore + 1 -- 玩家得分加一

print( "new playerScore is " .. playerScore)
```

在输出窗口中可以看到图2.6所示的输出信息。

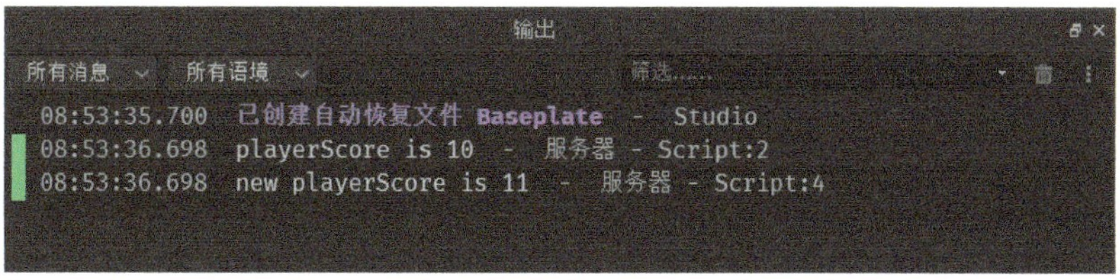

图2.6 先输出playerScore的初始值，再输出更新后的playerScore的值

提示 组合字符串和变量

字符串和变量可以用 print() 同时输出，但需要用两个点号来组合它们，组合值称为串联。

▼ 小练习

创建一个 NPC

使用目前掌握的知识创建一个 NPC，警告玩家熔岩场的危险。本练习将帮助你练习使用点号来调用层次结构的对象和属性，以及变量和数据类型。

首先创建 NPC。

1. 单击"部件"下拉按钮，从下拉菜单中选择创建球体或其他类型的部件。
2. 把部件重命名为 GuideNPC。
3. 在球体内创建脚本，并重命名脚本。
4. 在 GuideNPC 中创建 Dialog 对象，不要重命名 Dialog（见图 2.7）。

然后编写脚本。

在本示例中，将创建两个变量，第一个变量用于保存脚本的父部件，第二个变量用于保存提示信息，该信息在玩家第一次进入游戏时显示。还有一些用来定义 NPC 外观的代码。

图2.7 在GuideNPC中创建Dialog对象

1. 把 NPCScript 中的默认代码删除，创建一个名为 guideNPC 的局部变量，变量赋值为脚本的父级。

代码清单 2-5

```
local guide = script.Parent
```

提示 对象命名规范

为了保持代码编写的一致性，游戏中的对象使用大驼峰命名法，即所有单词的首字母都大写；变量使用小驼峰命名法，即除第一个单词外，其他单词的首字母大写。

2. 创建第二个变量来保存提示信息，该信息是一个字符串。

代码清单 2-6

```
local guideNPC = script.Parent
local message = "Danger ahead, stay on the rocks!"
```

3. 为了让 NPC 像幽灵，可以把 NPC 的透明属性值设置为 0.5。

代码清单 2-7
```
local guideNPC = script.Parent
local message = "Danger ahead, stay on the rocks!"
guideNPC.Transparency = 0.5
```

4. 把保存提示信息的变量赋给 NPC 的子对象 Dialog 的属性 InitialPrompt 作为其值。

代码清单 2-8
```
local guideNPC= script.Parent
local message = "Danger ahead, stay on the rocks!"
guideNPC.Transparency = 0.5
guideNPC.Dialog.InitialPrompt = message
```

开始游戏测试，单击 NPC 头部上方的问号来查看提示信息。

2.6 修改颜色属性

对象的颜色属性是代码中经常会修改的属性。要修改颜色，需要了解色彩的光学原理。屏幕上的所有颜色都是由三原色（红色、绿色和蓝色）混合而成的。每种颜色的强度范围是 0 ~ 255，这 3 种颜色等量混合并达到一定的强度就会显示为白色（255，255，255）；这 3 种颜色调低到（0, 0, 0）就会显示为黑色。纯红色的色值是（255, 0, 0），纯绿色的色值是（0, 255, 0），你认为纯蓝色的色值是什么？

将少量红色与大量蓝色混合，把 NPC 变为紫色。

代码清单 2-9
```
guideNPC.Color = Color3.fromRGB(40, 0, 160)
```

> **提示** 使用颜色选择器找到正确的 RGB 值
>
> 当你输入颜色值时，会出现一个色轮（见图 2.8），如果单击它，就会弹出用于选择颜色的窗口，选择所需的颜色，然后单击"确定"，代码中就会自动写入对应的 RGB 值。

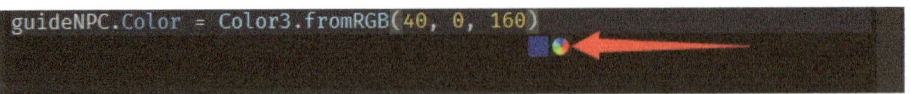

图2.8 色轮

2.7 实例

本章的最后一个主题是实例，实例是游戏对象（例如部件、脚本和火花效果）的副本。

除了前面介绍的使用"+"符号，还可以使用函数 Instance.new() 来创建实例，如下所示。

代码清单 2-10
```
local part = Instance.new("Part")
```

创建部件后，对其属性进行修改，然后把它的父级设为 workspace。

> ▼ **小练习**
>
> **创建部件实例**
> 本次不使用项目管理器来创建部件，而是使用代码来创建，然后修改部件的颜色，最后把它放在 workspace 中，就可以使其被看到。
> 1. 在 ServerScriptService 中创建一个脚本。
> 2. 创建部件的实例，然后设置颜色，最后设置它的父级。
>
> **代码清单 2-11**
> ```
> local part = Instance.new("Part")
> part.Color = Color3.fromRGB(40, 0, 160)
> part.Parent = workspace
> ```
>
> 你甚至可以直接在实例内创建实例。
>
> **代码清单 2-12**
> ```
> local part = Instance.new("Part")
> local particles = Instance.new("ParticleEmitter")
> part.Color = Color3.fromRGB(40, 0, 160)
> particle.Parent = part
> part.Parent = workspace
> ```

> **提示 新的部件实例默认生成在世界中心**
>
> 使用代码创建部件时，它会生成在世界中心，即默认的"出生"点所在的位置。如果你在测试时看不到新建的部件，可以尝试移开"出生"点，然后再次测试。

总结

游戏中的对象都具有颜色、比例和透明度等属性，属性决定了对象在游戏中的外观和行为。属性使用特定格式的数值，这些格式称为数据类型。字符串、布尔和数字是常见的数据类型。

在代码中，点号可以用于调用对象的属性，也可以用于调用项目管理器中的对象。

当你了解了对象的属性和对象在游戏层次结构中的位置，就可以使用代码来对其进行修改。

变量用于保存脚本中需要使用的信息，主要有两种类型，全局变量和局部变量。如果没有特殊原因，一般都使用局部变量。

在脚本中，可以使用函数 Instance.new() 米创建游戏对象实例，如部件、脚本、对话框和粒子发射器等，此函数的输入参数是对象名称对应的字符串。

问答

问　如何知道一个属性使用的数据类型？

答　可以在罗布乐思开发者官方网站上搜索游戏对象、属性和它对应的数据类型。例如，在搜索框中输入 Roblox Dialog Properties，然后查看搜索结果。

图 2.9 所示为 Dialog 的 API 页面，它有一段简短的描述、一个属性列表和对应的数据类型，可以单击每个属性和数据类型来了解如何使用 Dialog。

图2.9　Dialog的API页面显示了属性和对应的数据类型的简短描述

问　为什么不能创建一个变量来保存要更改的属性？例如 local partColor = workspace.Part.Color。

答　对象的层次结构和属性是两种不同的数据，不能混用。

💎 实践

回顾所学知识，完成测验。

测验

1. 什么数据类型只使用值 true 和 false？

2. 变量用于_____信息。
3. 如果要保存玩家的姓名，字符串 String、布尔 Boolean、枚举 Enum、浮点数 Float 哪种数据类型合适？
4. 要调用脚本的父级，请使用_____。
5. 在部件中创建的对话框对象是此部件的_____？
6. print() 输出的由字符串和变量组合而成的数值称为_____。

答案

1. 布尔 Boolean。　2. 存放。　3. 字符串 String。　4. script.Parent。　5. 子级。　6. 串联。

练习

第一个练习，给 NPC 添加一张脸，让 NPC 更生动，可以创建贴花实例来进行添加。你可以使用以下链接的纹理，也可以上传自己的纹理。

提示

- 要为 NPC 添加一张脸（见图 2.10），可以在部件里创建 Decal（贴花）实例，把 Texture（纹理）属性的值修改为图片资源的链接。
- 你可能需要旋转 NPC，使它面向正确的方向，或者你可以尝试修改贴花的 Face 属性来改变贴花的位置。
- 参考代码见附录。

图 2.10　为 NPC 添加一张脸，看起来更生动

第二个练习，只使用代码来创建指引提示。

提示

- 在 ServerScriptService 中创建一个 Script 对象来编写代码。
- 使用 Instance.new() 创建提示的主体部分，即 Dialog 对象。
- 锚固部件，锚固属性 Anchored 是布尔数据类型。
- 对部件进行修改，把 Dialog 对象的父级设为部件，然后把部件的父级设为 workspace。
- NPC 会以立方体的形态出现在游戏世界的中心。在第 14 章 "3D 世界空间编程"，你将学习如何使用坐标系把对象移动到预期的位置。
- 参考代码见附录。

第 3 章

创建和使用函数

在这一章里你会学习：
- 如何创建函数；
- 如何使函数执行；
- 如何使用事件来调用函数；
- 作用域的工作原理。

在第 1 章和第 2 章中，你使用了预构建函数 print()、destroy() 和 new()。这一章将会更多地讨论函数是什么，如何创建自己的函数，以及如何使用游戏世界中正在发生的事件来触发函数。

本章的后半部分将介绍如何组织代码，了解代码在脚本中的位置有助于更好地理解代码的执行顺序。

3.1 创建和调用函数

函数是用于完成特定任务的代码片段，可以在需要时调用。

第 2 章创建 NPC 的代码会在游戏开始后立刻执行，如果你不想代码立刻执行，只希望 NPC 在玩家单击按钮或完成任务后出现怎么办？如果你想创建多个 NPC，但不想重复编写相同的代码怎么办？函数非常适合这些使用场景，你可以编写一段代码，将其打包在一个函数中，让函数在需要时执行。

1. 要创建函数，输入"local function 函数名称"。

2. 按回车键，罗布乐思 Studio 会自动使用 end 补全函数，代码如下所示。

代码清单 3-1
```
local function nameOfFunction()

end
```

3. 在函数里，代码要缩进输入。本例使用 print() 进行测试，函数中的所有代码必须位于 end 之前。

代码清单 3-2
```
local function nameOfFunction()
    print("Function Test")
end
```

提示　缩进代码

代码没有正确缩进也可以起作用。但是，适当的缩进可以使代码更容易阅读，所以强烈建议在代码中使用缩进。

---

4. 创建函数后，输入函数名称和括号即可调用该函数。

代码清单 3-3
```
local function nameOfFunction()
    print("Function Test")
end

nameOfFunction()
```

如果不调用函数，它不会自己执行。

5. 函数可以执行多次，只要你调用它。尝试多次调用函数，代码如下所示。

代码清单 3-4
```
local function nameOfFunction()
    print("Function Test")
end

nameOfFunction()
nameOfFunction()
nameOfFunction()
```

函数的名称可以是任何字符（除特殊字符），只要它后面跟着 ()，但还是要思考如何正确命名函数以方便调用，以下是函数命名规范。
- 名称应该要能表达函数的作用，例如，destroy() 可以清晰地表达它会破坏事物。
- Lua 中的函数通常使用小驼峰命名法，即以小写字母开头，后面跟的每个单词的首字母大写。
- 不要在函数名称中包含空格和特殊字符，否则会引起错误。

> **提示** 函数的另一个名称是方法
> 预构建的或游戏对象中的函数，例如 print()、wait() 和 destroy()，在其他编程语言中也会被称为方法。Lua 用户倾向于说函数，不说方法。

3.2 了解作用域

在调用函数时，任何不在函数第一行和最后一行之间的代码都不会执行。函数之外的代码超出了函数的作用域，作用域是特定代码块（例如函数）可以访问的范围。

如果执行如下代码，函数内部的输出函数会执行 3 次，外部的输出函数只会执行 1 次。

代码清单 3-5
```
local function scopeTest()
    print("This is in scope")
end

print("This is out of scope")

scopeTest()
scopeTest()
scopeTest()
```

3.3 使用事件调用函数

调用函数的一种方法是输入函数的名称，当你希望在脚本的某个位置调用它时，这个方法很合适。但是，有时你不知道什么时候调用函数，只是希望函数在特定事件发生时执行，举例如下：
- 当玩家单击宝箱时给玩家角色一把剑；

- 在玩家加入游戏时将其分配到队伍中；
- 玩家角色触碰桥时破坏桥的部件。

对于这种使用场景，你无法提前知道事件何时会发生，但知道当它发生时你要执行什么代码。你正在等待一个特定的事件，当事件发生时，会触发一个信号，该信号可用于执行代码。要在触发事件时调用函数，可以使用 Connect()，并传入要执行的函数的名称，只要函数名称，不需要 ()。

范例如下。

代码清单 3-6

```
partName.Touched:Connect(functionName)
```

Touched 事件是内置在部件里的，所以可以像其他子对象一样使用点号来调用它，然后使用冒号调用 Connect() 函数。

▼ 小练习

制作一座会消失的桥

部件对象有多个内置事件，其中最常用的是 Touched。只要部件发生碰撞，就会触发 Touched 事件。下面使用 Touched 事件来制作一座会消失的桥，当组成桥的部件被玩家角色触碰时，被触碰的部件会在 0.5 秒后变透明。

1. 使用部件或模型连接成一座桥（见图 3.1），确保把部件锚固。
2. 在部件中创建脚本，并把脚本重命名为 BridgeScript（见图 3.2）。

图3.1　使用模型或部件组成一座桥

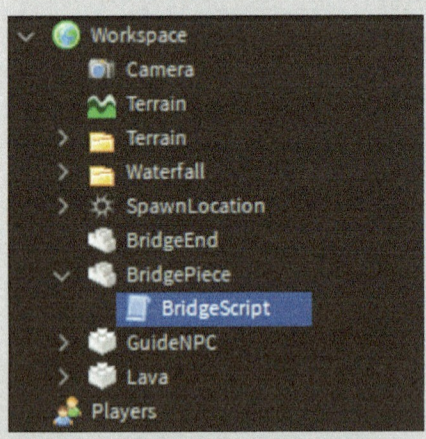

图3.2　在BridgePiece中创建脚本

3. 把父部件赋给一个局部变量：local bridgePart = script.Parent。
4. 创建一个名为 onTouch() 的局部函数。

代码清单 3-7

```
local bridgePart = script.Parent
local function onTouch()

end
```

> **提示　命名与事件一起使用的函数**
>
> 使用事件调用的函数的常见命名方式是 onBlank，其中 Blank 是事件的名称。这种命名方式可以让代码易于阅读，当你后续需要修改代码时，也更容易理解代码。

5. 把函数连接到部件的 Touched 事件，使用 print() 来测试代码。

代码清单 3-8

```
local bridgePart = script.Parent
local function onTouch()
    print("Touch event fired!")
end

bridgePart.Touched:Connect(onTouch)
```

6. 在函数内部添加事件触发时需要执行的代码。本例是把部件变透明，并且在 0.5 秒后让站在桥上的玩家角色掉下去。可以删除上一步用于测试的输出语句。

代码清单 3-9

```
local bridgePart = script.Parent

local function onTouch()
    bridgePart.Transparency = 0.5
    wait(0.5)
    bridgePart.CanCollide = false
end

bridgePart.Touched:Connect(onTouch)
```

> **提示　使用布尔值**
>
> 部件的 CanCollide 属性的值是一个布尔值，当为 true 时，可以与事物产生碰撞；当为 false 时，不会与事物产生碰撞。在本例中，当 CanCollide 为 false 时，桥就不能承载玩家角色了。

3.4 了解顺序和位置

创建变量和函数时，需要记住它们在脚本中的位置，脚本的代码是从顶部到底部逐行执行的。

因此，如果你在创建相应变量或函数之前调用它，就会导致错误（见图 3.3 和图 3.4）。查看刚刚的脚本 BridgeScript。

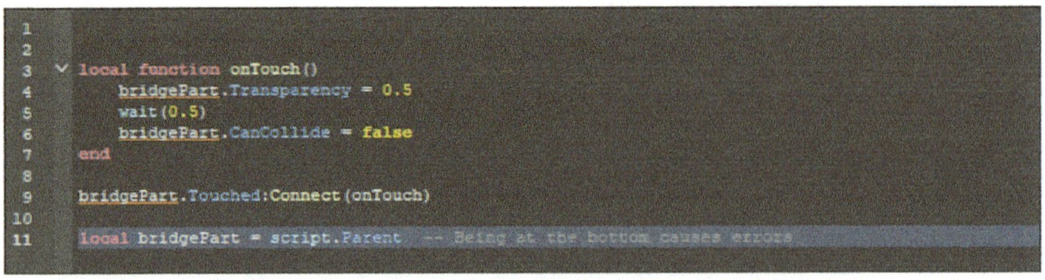

图3.3 把创建bridgePart变量的代码移到底部会导致未知变量的错误

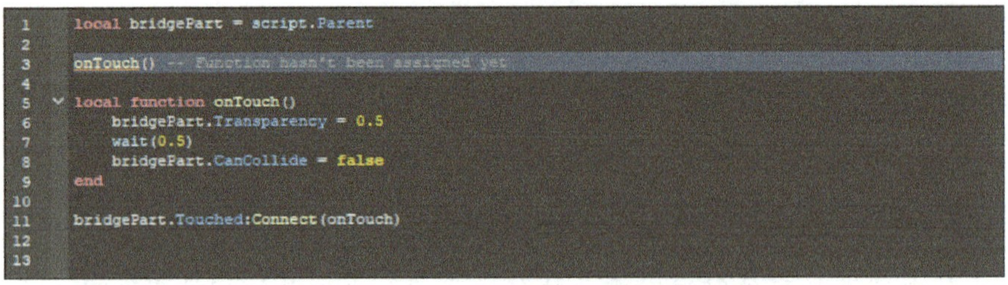

图3.4 在声明函数之前调用函数会出现问题

代码清单 3-10

```
local bridgePart = script.Parent

local function onTouch()
    bridgePart.Transparency = 0.5
    wait(0.5)
    bridgePart.CanCollide = false
end

bridgePart.Touched:Connect(onTouch)
```

如果把第一行代码移到底部，那么前面调用变量的地方就会出现错误。

从这两个示例中可以看出，脚本调用尚不存在的内容就会导致错误。

所以代码的顺序是很重要的。下面讨论一下在函数内部和外部创建的变量。从创建 3 个变量开始：一个在函数之前，一个在函数内部，还有一个在函数之后。

代码清单 3-11

```
local above = "above"

local function scopePractice()
    local inside = "inside"
end

local below = "below"
```

在脚本的底部，输出这 3 个变量，看看会发生什么？在函数内部的变量虽然已经声明，但是在调用时还是会出错（见图 3.5），这是因为函数内部声明的局部变量不能在函数外部调用。

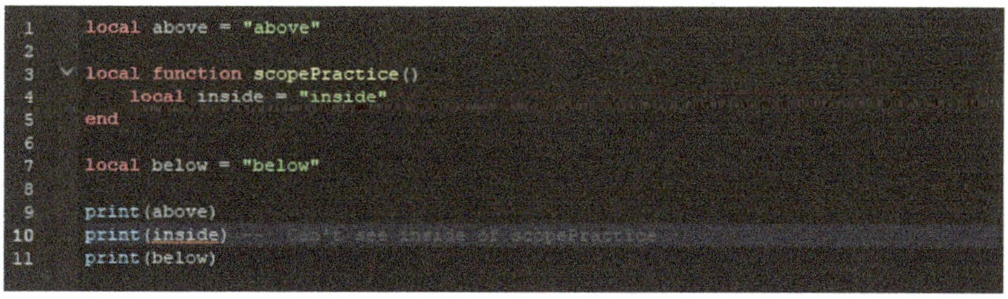

图3.5 函数内部的局部变量在函数外部调用时出错

要了解为什么不能调用，需要理解脚本的嵌套代码块。每次创建函数时，都会开辟一个新的代码块。图 3.6 说明了代码块的结构，第一个块是块 A，它是脚本本身，里面是一个函数，即块 B。

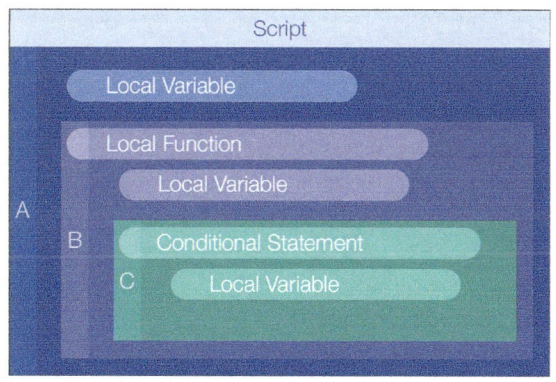

图3.6 代码块结构

函数中可以包含很多代码块，例如由条件语句和其他语句（将在后续章节学习）开辟的代码块。每个块都可以调用父块中的局部变量和函数，但不能调用子块中的局部变量和函数。

▶ 块 B 可以调用块 A 中的局部变量。

- 块 C 可以调用块 A 和块 B 中的局部函数和局部变量。
- 块 A 不能调用块 B 或块 C 中的局部函数和局部变量。
- 块 B 不能调用块 C 中的局部变量。

▼ 小练习

恢复桥

需要清楚的是,罗布乐思作品是执行在实时服务器上的,且通常支持多用户同时在线,也就是很多人同时在同一台服务器上。出于对这一情况的考虑,当有玩家角色跨过桥后,桥不能一直保持坍塌的状态,而是需要恢复桥,让玩家角色可以再次走过它(见图 3.7)。根据你对作用域的了解,创建第二个函数来恢复桥。

1. 在之前练习的脚本中,在 onTouch() 函数上方创建一个名为 activateBridge() 的新函数。

图 3.7 恢复桥,让玩家角色可以再次走过它

代码清单 3-12

```
local bridgePart = script.Parent

local function activateBridge()

end

local function onTouch()
    bridgePart.Transparency = 0.5
    wait(0.5)
    bridgePart.CanCollide = false
end

bridgePart.Touched:Connect(onTouch)
```

2. 在 activateBridge() 中恢复 CanCollide 和 Transparency 的值。

代码清单 3-13

```
local function activateBridge()
    bridgePart.Transparency = 0
        bridgePart.CanCollide = true
end
```

3. 在 onTouch() 函数内，等待较短的时间后调用 activateBridge()。

代码清单 3-14

```lua
local bridgePart = script.Parent

local function activateBridge()
    bridgePart.Transparency = 0
    bridgePart.CanCollide = true
end

local function onTouch()
    bridgePart.Transparency = 0.5
    wait(0.5)
    bridgePart.CanCollide = false
    wait(3.0)
    activateBridge()
end

bridge Part.Touched:Connect(onTouch)
```

提示　注意函数的顺序

activateBridge() 函数需要在 onTouch() 函数之前声明，让它可以在 onTouch() 内被调用。

 总结

函数是可以不断重复使用的代码片段。定义函数后，输入"函数名 ()"就可以调用它。如果你不知道什么时候需要调用该函数，你可以把它连接到一个事件上，每次事件触发时都会调用该函数。

编写脚本时，需要记住代码块可以调用哪些内容。代码块只能调用作用域内的变量和函数，也就是可以调用本身代码块和父块中的内容，不能调用作用域以外的内容，否则会导致脚本出错。

理解作用域的一个好方法是，使用你正在编写的代码，例如桥的脚本里的代码，尝试把函数和变量移到不同的位置，看看什么时候会出现问题。

 问答

问　如果不知道给变量设置什么初始值，可以只创建变量而不给它赋值吗？
答　可以，变量可以先创建，后续再赋值。
问　一个脚本可以有多个函数吗？

答　可以，一个脚本中通常都会创建多个函数。
问　为什么不使用全局变量？这样就不用担心作用域的限制了。
答　使用全局变量的代码的执行速度比使用局部变量的慢，另外，在一个脚本中经常会创建多个函数，这些函数都需要有自己的变量，如果都使用全局变量，在创建变量时，很容易不小心使用相同的变量名，导致之前创建的变量被覆盖。

实践

回顾所学知识，完成测验。

测验

1. 让函数执行的操作是什么（一个词语）？
2. 要在触发事件时执行函数，使用什么函数来连接函数？
3. 使用_____来调用对象的事件。
4. 通常使用局部变量而不是全局变量的两个原因是什么？
5. 判断对错：如果局部变量在函数内部，那么其下方的所有函数都可以访问它。
6. 什么符号用于执行对象的函数？提示：回想一下如何调用 Connect() 和 Destroy()。

答案

1. 调用。　2. Connect()。　3. 点号。　4. 局部变量执行速度更快；防止名称重复引起变量的值被意外覆盖。　5. 错的，局部变量只能在自己的代码块和子代码块中调用。　6. 冒号，例如 part:Destroy()。

练习

不要让桥或者轨道在被触碰后一直保持坍塌状态，在玩家角色触碰按钮后，重置桥或轨道块（见图 3.8）。创建一个用于在触摸时恢复桥的函数和一个让桥消失的函数。

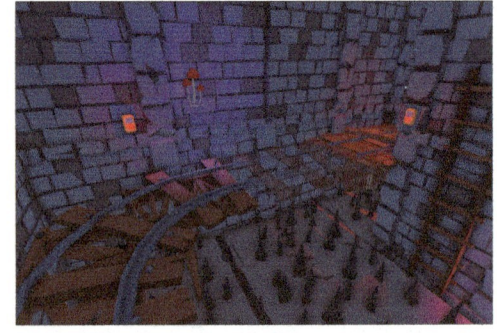

图3.8　用于恢复断开的桥的按钮

提示

▶ 使用一个桥的部件比使用多个部件更简单。
▶ 把脚本挂载到按钮上，实现利用 Touched 事件调用函数。
▶ 使用 wait() 来控制桥修复后保持的时间。
▶ 当桥处于修复状态时，把按钮变为绿色。
▶ 开始时，桥的部件需要处于隐藏状态，使用脚本来控制它的显示。

参考代码见附录。

第 4 章

使用参数

在这一章里你会学习：
- 如何使用参数；
- 如何使用多个参数；
- 如何从函数中返回值；
- 如何使用匿名函数。

函数不仅可以用来执行任务，还可以用来接收事物并转换，然后返回结果。这一章介绍函数括号内的信息——参数，以及函数可以用这些信息做什么。

4.1 给函数提供信息

函数可以从外部获取信息使用，例如前文使用过的 print()，它用于获取要显示的信息，wait() 用于获取脚本暂停的秒数。

参数有两种：形参和实参。要把信息传递进函数，就要在定义函数时为这些信息创建占位符，这些占位符称为形参；而在调用函数时，通过括号传递给函数的实际的值称为实参。

在定义函数时，如果需要参数，直接在括号内添加参数名称即可，如下所示。

代码清单 4-1

```
local function functionName(parameterName)

end
```

第4章 使用参数

在函数中,可以像使用其他变量一样使用参数。

▼ 小练习

创建一个涂色函数

创建一个名为 paint() 的函数来修改建筑物的侧面(见图4.1)颜色,这个函数具有一个参数,用于获取要涂在墙壁上的颜色。你可以使用一般的部件或没有纹理的模型来练习,不一定要使用这样的建筑物模型。

图4.1 建筑物的侧面

1. 在部件或模型内部创建一个名为 Paint 的脚本。
2. 创建一个局部变量,并赋值为脚本的父对象,然后创建一个名为 paint() 的局部函数。

代码清单 4-2

```
local wall = script.Parent
local function paint()

end
```

3. 为 paint() 函数创建一个名为 paintColor 的形参,这个形参就是墙壁上要涂的颜色的占位符。

代码清单 4-3

```
local wall = script.Parent
local function paint(paintColor)

end
```

4. 在函数里把墙的颜色设为 paintColor。

代码清单 4-4

```
local wall = script.Parent
local function paint(paintColor)
    wall.Color = paintColor
end
```

5. 创建一个或两个颜色变量，赋值为要涂在墙上的颜色的 RGB 值。

代码清单 4-5

```
local wall = script.Parent

local blue = Color3.fromRGB(29, 121, 160)
local yellow = Color3.fromRGB(219, 223, 128)

local function paint(paintColor)
    wall.Color = paintColor
end
```

提示　变量的位置

你可能已经注意到，变量一般放在脚本或其所属代码块的顶部。

---

6. 调用 paint() 函数，并传入其中一个颜色变量。

代码清单 4-6

```
local wall = script.Parent

local blue = Color3.fromRGB(29, 121, 160)
local yellow = Color3.fromRGB(219, 223, 128)

local function paint(paintColor)
    wall.Color = paintColor
end

paint(blue)
```

开始游戏测试，被涂色的部件会变成传入的颜色。

4.2 使用多个参数

上一个练习传入的是要涂的颜色，但要涂色的对象是固定的，也就是说，这个代码块只对特定对象起作用。

固定的涂色对象会限制函数的使用，除非你需要频繁地修改那面墙的颜色。要让涂色的对象也变为可选的，可以把多个参数传递给一个函数，而所要做的就是创建多个参数。

在定义函数时，使用逗号分隔多个参数，如下所示。

代码清单 4-7

```
local function functionName(firstParameter,secondParameter)
    print(firstParameter .." and ".. secondParameter)
end
```

> **提示　参数个数限制**
>
> 技术上对使用多少个参数没有限制，但普遍认为参数不超过 3 个。

传入的实参是按顺序赋值给形参的，第一个实参赋值给第一个形参，第二个实参赋值给第二个形参，以此类推。

代码清单 4-8

```
local first = "first"
local second = "second"

local function practice(firstParameter,secondParameter)
    print(firstParameter .. " and " .. secondParameter)
End

practice(first, second)  -- 输出 "first and second"
practice(second, first)  -- 输出 "second and first"
```

▼ 小练习

传入颜色和对象

增加一个变量来使涂色函数更有用，传入要绘制的对象和要涂的颜色。图 4.2 所示为当前被涂成白色的汽车和建筑物，白色非常单调，并且与场景不匹配。参考上个练习的 paint() 函数的代码，再添加一个参数用于传入要绘制的对象，这样函数就可以同时作用于建筑物和汽车了。

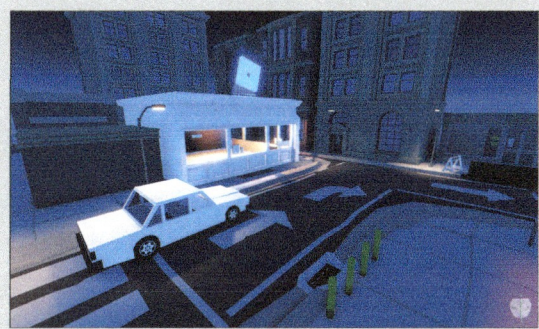

图4.2 白色的汽车和建筑物

1. 在 ServerScriptService 中创建一个脚本。
2. 创建两个颜色变量，赋值为两种不同的颜色；创建两个对象变量，赋值为两个不同的对象。

代码清单 4-9

```
-- 使用的颜色
local red = Color3.fromRGB(170, 0, 0)
local olive = Color3.fromRGB(151, 15, 156)

-- 要涂色的对象
local car = workspace.Car
local restaurant = workspace.Buildings.Restaurant
```

提示 调用嵌套的对象

示例中的第二个对象 restaurant 使用点号来调用。

3. 创建一个函数，此函数有两个参数，分别是要涂色的对象和要涂的颜色。

代码清单 4-10

```
-- 给对象涂色
local function paint(objectToPaint, paintColor)
    objectToPaint.Color = paintColor
end
```

4. 调用函数，传入要涂色的对象和要涂的颜色。

代码清单 4-11

```
-- 使用的颜色
local red = Color3.fromRGB(170, 0, 0)
```

38 第 4 章 使用参数

```
local olive = Color3.fromRGB(151, 15, 156)

-- 要涂色的对象
local car = workspace.Car
local restaurant = workspace.Buildings.Restaurant

-- 给对象涂色
local function paint(objectToPaint, paintColor)
    objectToPaint.Color = paintColor
end

paint(restaurant, olive)
paint(car, red)
```

5. 测试代码，如果不想使用"开始游戏"查看游戏世界的变化，可以在其下拉菜单中选择"运行"（见图4.3）。

图4.4 所示为涂色后的汽车和建筑物，它们不再是单调的白色。

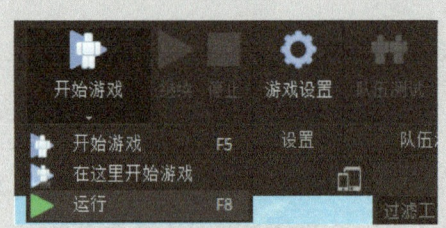

图4.3 使用"运行"来测试代码
（不加载玩家角色）

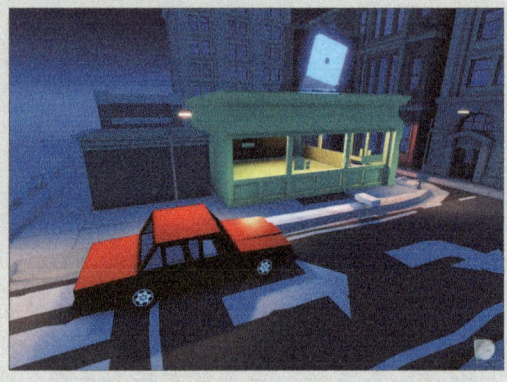

图4.4 涂色后的汽车和建筑物

4.3 函数返回值

不仅可以把值传递给函数，函数也可以把值回传。典型的例子是计算器输入值后返回结果。在以下示例代码中，调用函数时，把变量传递给函数，函数使用关键字 **return** 返回结果。

代码清单 4-12

```lua
-- 把任意两个数字相加
local function add(firstNumber, secondNumber)
    local sum = firstNumber + secondNumber
    return sum -- 把 sum 返回到调用函数的位置
end

-- 要使用的数字
local rent = 3500
local electricity = 128

-- 使用 add() 把租金和电费相加并返回结果
local costOfLiving = add(rent, electricity)
print("Rent in New York is " .. costOfLiving)
```

4.4 返回多个值

有时你可能希望从一个函数返回多个值。例如，返回用户赢、输和平局的次数。要返回多个值，使用关键字 return 并用逗号分隔每个值即可。

▼ 小练习

返回玩家的赢、输和平局的次数

按照以下步骤创建一个函数，此函数在被调用后会返回玩家的赢、输和平局的次数，把返回值分配给变量并输出。

1. 创建一个包含赢、输和平局变量的函数。
2. 输入 return 和要返回的变量，并使用逗号分隔变量。

代码清单 4-13

```lua
local function getWinRate()
    local wins = 4
    local losses = 0
    local ties = 1
    return wins, losses, ties
end
```

3. 可以不在每一行创建一个变量，而是像以下示例那样在同一行创建多个变量，它们会按返回值的顺序被赋值。

代码清单 4-14

```lua
local function getWinRate()
    local wins = 4
    local losses = 0
    local ties = 1
    return wins, losses, ties
end
local userWins, userLosses, userTies = getWinRate()
```

4. 输出变量来查看结果。

代码清单 4-15

```lua
local function getWinRate()
    local wins = 4
    local losses = 0
    local ties = 1
    return wins, losses, ties
end

local userWins, userLosses, userTies = getWinRate()
print("Your wins, losses, and ties are: " .. userWins .. " , " .. userLosses .. " , " .. userTies)
```

4.5 返回nil

nil 表示事物找不到或不存在。如果输出的是 nil，而不是预期的结果，请检查以下内容。

- 接收到的值的数量是否与返回的值的数量相同。
- 返回和接收的值是否用逗号分隔。
- 函数是否有其他问题。

▼ 小练习

返回不存在的事物
如果你在代码中尝试使用不存在的变量或函数，则会在输出窗口中看到关键字 nil，以及发生错误的位置。
1. 在脚本中，把不存在的变量名称（如 doesntExist）传递给 print()。

2. 执行代码并查看输出窗口,脚本名称旁边会有nil和无法找到变量的行号,如图4.5所示。

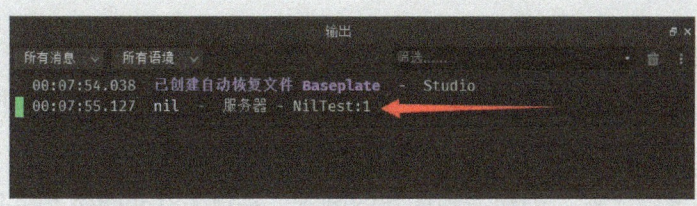

图4.5 NilTest脚本的第1行找不到值

4.6 处理不匹配的参数

如果把错误数量的参数传给函数,或从函数返回错误数量的值,会发生什么?这可能会导致代码执行出错和执行终止,了解这方面的知识是很重要的。

如果传递给函数的参数不够,当函数执行到缺少的参数时会发生错误。

代码清单 4-16

```
local function whoWon(first, second)
    print("First place is " .. first .. "Second place is ")
end
whoWon("AngelicaIsTheBest") -- 会出错,因为缺少第二个参数
```

如果返回值的数量多于变量的数量,返回值会按顺序赋值给变量,缺少变量对应的返回值会被丢弃。如下例中3个值被返回,但只有两个变量可以被赋值。

代码清单 4-17

```
local function giveBack()
    local a = "Apple"
    local b = "Banana"
    local c = "Carrot"
    return a, b, c
end

local a, b = giveBack() -- 缺少变量c

print(a, b, c) -- 会输出 Apple, Banana, nil
```

字符串 "Carrot" 只在函数的作用域内,并且缺少变量来对应此返回值,所以输出

的第三个值为 nil。

4.7 使用匿名函数

匿名函数也是函数，它的特别之处在于，它在定义时没有被命名，且它在被调用的地方定义。比较以下两段示例代码，这是我们熟悉的连接到简单陷阱的 Touched 事件。Touched 事件连接的函数的输入参数是触碰的部件的名称。

首先是命名函数示例，创建命名函数的脚本，在触发 Touched 事件时调用函数。

代码清单 4-18

```lua
local trap = script.Parent

local function onTouch(otherPart)
    otherPart:Destroy()
end

trap.Touched:Connect(onTouch)
```

然后是匿名函数的示例，代码的实现效果与命名函数示例相同，但函数是在其被调用的地方创建的。

代码清单 4-19

```lua
local part = script.Parent

part.Touched:Connect(function(otherPart) otherPart:Destroy() end)
```

执行以上两段示例代码所实现的效果相同：销毁脚本父级部件触碰到的东西。那为什么不使用匿名函数呢？表 4-1 列出了匿名函数的优缺点。

表4-1 匿名函数的优缺点

优点	缺点
输入快捷	难以阅读
可以用在不需要返回值的地方	不利于修改和复用
—	不能在其他地方调用，因为它没有名称

提示　命名函数可以让合作开发更容易

罗布乐思 Lua 编程规范指南不鼓励在非必要时使用匿名函数，因为大多数项目会由多个程序员一起合作开发，而匿名函数会使代码更难阅读和修改。

总结

函数可以通过不同的方式来调用和复用，可用于创建对象，例如第 2 章中的 NPC，也可用于修改对象的属性，甚至销毁对象，例如陷阱部件。函数可以通过形参从外部获取值，传入函数的信息称为实参。

函数在完成任务的同时可以返回信息给脚本使用，典型例子是计算器，如果使用计算器把两个数字相加，会得到返回结果。

如果没有内容要返回，你可以使用匿名函数，匿名函数在被调用的位置创建，这很方便，但会使代码难以阅读，会令使用此脚本的合作开发者的开发效率降低，也会给你自己以后修改代码造成不便。

问答

问　函数的参数数量是否有上限？
答　没有严格的上限，但一般情况下不要超过 3 个。因为参数越多，就越难记住每个参数的作用，也更容易弄乱顺序。

实践

回顾所学知识，完成测验。

测验

1. 把信息从函数外部传递到内部称为_____。
2. 什么关键字让函数在完成任务的同时返回值？
3. 传递给函数使用的参数的占位符称为_____。
4. 调用函数时使用的实际参数称为_____。
5. 找不到或不存在值时，使用的关键字是_____。

答案

1. 传入。　2. return。　3. 形参。　4. 实参。　5. nil。

练习

程序员一般都会研究其他人编写的代码。但是，在网上找到的代码可能不完全符合自身需求，或者格式有差异，不便于团队成员阅读。这就需要花时间检查借鉴的代码，并进行修改。本练习的如下代码中使用的是匿名函数，尝试把它修改为命名函数的格式。

代码清单 4-20

```
script.Parent.Touched:Connect(function(otherPart) local fire = Instance.new"Fire"
fire.Parent = otherPart end)
```

参考代码见附录。

第 5 章

条件结构

在这一章里你会学习：
- 如何使用if-then语句；
- 如何使用运算符；
- 如何通过elseif和else使用多个条件；
- 如何调用Humanoid（人形）。

你有没有跟别人承诺过，在某个条件成立时，你会做某事？例如，如果某人辅导你学习让你通过期末考试，你会帮助他搬家。这是一个条件结构，即如果发生某件事情，你会做某事。

同样，这也可以应用在脚本中，你可以编写脚本：在某个判断条件为真时，执行某些代码。图 5.1 所示为条件结构的工作流程。

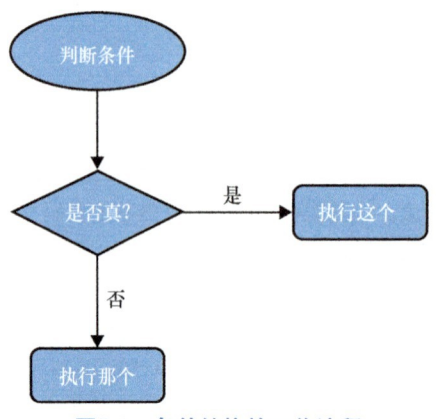

图5.1 条件结构的工作流程

这一章来介绍条件结构，其用于实现只有在满足某些条件时才会执行指定代码。

5.1　if-then语句

最常见的条件结构是 if-then 语句，如果某条件是真的，那么代码将做某事。示例如下。

- 如果找到密钥，就可以探索新区域。
- 如果一个任务完成，那么用户将获得一个免费的宠物。
- 如果有人在聊天中说生日快乐，那么在屏幕上生成一个气球。

代码结构如下。

代码清单 5-1

```
if somethingIsTrue then
    -- 做某事
    print("It's true!")
end
```

如果第一行结果为真，那么缩进代码中的输出语句就会执行。

条件语句可以使用运算符来判断某事是否为真，运算符是用于判断某事的符号。表 5-1 所示为常见运算符，完整列表请参阅附录。

表5-1　常见运算符

运算符	描述	判断为真的例子
==	等于	If 3 == 3 then
+	加	If 3 + 3 == 6 then
−	减	If 3 − 3 == 0 then
*	乘	If 3 * 3 == 9 then

与用于给变量赋值的单个等号不同，用作运算符的双等号 == 用于判断事物是否相等。

以下判断为真，输出语句将执行。

代码清单 5-2

```
local health = 10

if health == 10 then
    print("You're at full health")
end
```

以下判断为假，输出语句不会执行。

代码清单 5-3

```
local health = 5

if health == 10 then
    print("You're at full health")
end
```

玩家角色有数值更大的生命值时应怎么处理？可以使用大于或等于运算符（>=）。

代码清单 5-4

```
local health = 12

if health >= 10 then
    print("You're at full health")
end
```

也可以不使用运算符来判断对象是否存在，以下代码用于检查屋顶是否着火。

代码清单 5-5

```
local roof = script.Parent

local fire = roof:FindFirstChildWhichIsA("Fire")

if fire then -- 判断是否存在火
    print("The roof is on fire!")
    fire:Destroy()
end
```

以上代码使用 FindFirstChildWhichIsA() 来查找屋顶的子对象是否有 Fire 对象。FindFirstChildWhichIsA() 只会获取与其搜索匹配的第一个对象。

▼ 小练习

人形 Humanoid 介绍

第 1 章的熔岩有一个缺陷：陷阱只会破坏接触到它的东西，所以如果玩家角色只是手或者脚触碰到陷阱，则陷阱只会破坏玩家角色的手或者脚，如图 5.2 所示，并不会使玩家角色死亡。

5.1 if-then 语句

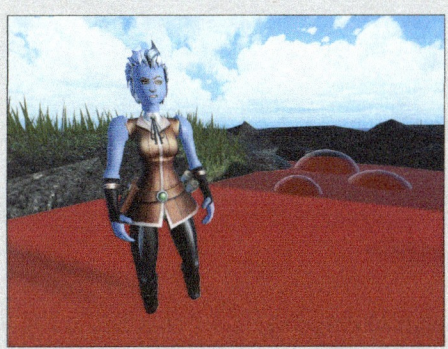

图5.2 玩家角色失去了双脚

要重置玩家角色，需要找到控制玩家角色生命的对象，在罗布乐思中，默认是使用 Humanoid 对象。如果使用 Humanoid 把玩家角色的生命值设置为 0，它就会死亡，腿、脚、手等都会被销毁。

1. 创建一个部件，在部件里创建一个脚本。也可以使用第 1 章的熔岩。
2. 创建一个变量并赋值为陷阱部件。
3. 创建一个名为 onTouch() 的函数，并添加参数 otherPart。
4. 在函数内部创建一个名为 character 的变量，并赋值为 otherPart 的父级（如果存在）。

代码清单 5-6

```
local trap = script.Parent

local function onTouch(otherPart)
    local character = otherPart.Parent
    local humanoid = character:FindFirstChildWhichIsA("Humanoid")

end
```

5. 检查角色是否有 Humanoid，如果有，它很可能是玩家角色或 NPC。

代码清单 5-7

```
local trap = script.Parent

local function onTouch(otherPart)
    local character = otherPart.Parent
    local humanoid = character:FindFirstChildWhichIsA("Humanoid")

    if humanoid then
```

        end
end

6. 把玩家角色的生命值设为 0。

代码清单 5-8
```
local trap = script.Parent

local function onTouch(otherPart)
    local character = otherPart.Parent
    local humanoid = character:FindFirstChildWhichIsA("Humanoid")

    if humanoid then
        humanoid.Health = 0
    end
end
```

7. 把 onTouch() 连接到陷阱的 Touched 事件。

代码清单 5-9
```
local trap = script.Parent

local function onTouch(otherPart)
    local character = otherPart.Parent
    local humanoid = character:FindFirstChildWhichIsA("Humanoid")

    if humanoid then
        humanoid.Health = 0
    end
end

trap.Touched:Connect(onTouch)
```

可以在罗布乐思开发者官方网站上查看 Humanoid 的详细说明。

5.2　elseif

如果希望代码可以判断多种情况，那么该怎么办？例如，你希望玩家角色的生命值已满时代码做一件事，生命值未满时做另一件事情。在多条件判断的情况下，可以使用条件关键字 elseif。

代码清单 5-10
```
local health = 5

if health >= 10 then
    print ("You're at full health")

elseif health < 10 then  -- 判断生命值是否小于 10
    print("Find something to eat to regain health!")
end
```

elseif 与 if-then 位于同一代码块中，它没有自己的 end。

5.3 逻辑运算符

一些特殊运算符不是符号，例如逻辑运算符是单词 and、or 和 not。and 和 or 可以用于判断多个条件，not 可以用于判断不是某物。这些运算符的说明如表 5-2 所示。

表5-2 逻辑运算符

运算符	描述
and	当两个条件都为真时，判断结果为真
or	当任意一个条件为真时，判断结果为真
not	判断结果与条件相反

这些运算符会把假和空（nil）都判断为假，其他情况判断为真。

以下代码中，and 用于检查一个范围，而不是单个值。假设玩家角色最多有 10 点生命值，并且在 0 点生命值时重生，玩家角色在生命值低于最大值时需要进食。

代码清单 5-11
```
local health = 1
ssssssssss
if health >= 10 then
    print ("You're at full health")

elseif health >= 1 and health < 10 then  -- 判断生命值是否在特定范围内
    print("Find something to eat to regain health!")
end
```

可以使用 elseif 语句继续编写其他情况的代码。

代码清单 5-12
```
local health = 1

if health >= 10 then
    print ("You're at full health") -- 生命值为 10 或更高时执行

elseif health >= 5 and health < 10 then -- 生命值为 5 ~ 9 时执行
    print("Find something to eat to regain health!")

elseif health >= 1 and health <= 4 then -- 生命值为 1 ~ 4 时执行
    print("You are very hungry, better eat soon!")
end
```

5.4　else

在没有条件满足时，最好也告诉脚本该怎么做。如果条件都不满足，就使用关键字 else 来表示应该做什么。

代码清单 5-13
```
local health = 0

if health >= 10 then
    print ("You're at full health") -- 生命值为 10 或更高时执行

elseif health >= 5 and health < 10 then -- 生命值为 5 ~ 9 时执行
    print("Find something to eat to regain health!")

elseif health >= 1 and health <= 4 then -- 生命值为 1 ~ 4 时执行
    print("You are very hungry, better eat soon!")

else -- 没有判断条件为真时执行
    print("You ran out of food, you'll need to restart")
end
```

同样，else 不是独立的代码块，而是与 if-then 位于同一代码块中，整个条件结构只使用一次关键字 end。

▼ 小练习

使用特性和服务来制作一扇门

通过制作一扇门来练习使用 if-then 和 elseif 语句。如果玩家激活了附近的一个特殊的基石，则允许玩家进入旁边的隧道（见图 5.3）。在制作门之前，你需要了解服务 ProximityPromptService 和自定义特性。

图5.3 玩家激活基石（左）可进入隧道（右）

首先，你需要使用部件或模型制作门和基石。图 5.3 所示是用一个模型作为门的门框，门框只是用于装饰，而门是一个黑色部件，用于阻隔玩家角色。门和基石需要一个特性来结合脚本工作，特性是可以命名和设置数据类型的自定义属性。创建一个名为 Activated 的特性，用于记录基石是否已经激活，并且用于判断是否可以使用门。

1. 使用部件或网格来制作基石和门，并分别命名为 KeyStone 和 Portal。
2. 选中 Portal，创建 ProximityPrompt（邻近提示）对象（见图 5.4）。邻近提示对象让用户能够与部件进行单击交互，而不仅是触碰交互。
3. 选中 Portal，在属性窗口中单击"添加特性"（见图 5.5）。

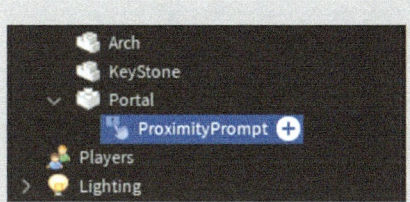

图5.4 创建邻近提示对象

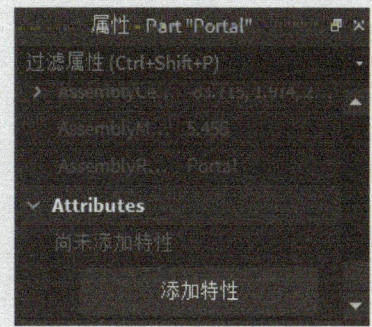

图5.5 单击"添加特性"

4. 选中 KeyStone，为其创建一个名为 Activated 的特性，并把类型设为 boolean（见图 5.6）。

注意 不要勾选新创建的特性

确保这两个新创建的特性为未勾选状态，勾选的特性和属性为 true，未勾选的为 false。

接下来，创建两个脚本：一个用于基石，另一个用于门。

在 KeyStone 脚本中获取特性

KeyStone 的特性 Activated 当前应该为 false。只要未激活基石，就不允许玩家角色通过门。KeyStone 的脚本用于在触碰时打开按键，然后把 Activated 特性设为 true。

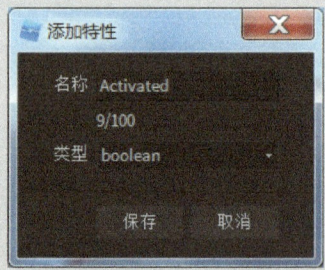

图5.6 把特性命名为Activated，把类型设为boolean

1. 选中 KeyStone，创建一个脚本。
2. 创建一个变量并赋值为脚本的父级，创建一个名为 onTouch() 的函数，函数有一个触碰部件的参数，把函数连接到 KeyStone 的 Touched 事件。
3. 使用 Humanoid 来判断是否是玩家角色触碰了部件，因为我们不希望被底板或其他部件触碰时触发事件。如果你忘记了如何使用 Humanoid，可以参考上一个小练习的代码。
4. 在函数里使用 SetAttribute() 传入 Activated，把其值改为 true，如下所示。

代码清单 5-14

```
local keyStone = script.Parent

local function onTouch(otherPart)
    local character = otherPart.Parent
    local humanoid = character:FindFirstChildWhichIsA("Humanoid")
    
    if humanoid then
        keyStone:SetAttribute("Activated", true)
    end
end

keyStone.Touched:Connect(onTouch)
```

5. 把 KeyStone 的材质改为 Neon（霓虹），向用户展示基石已经被激活。

代码清单 5-15

```
local keyStone = script.Parent

local function onTouch(otherPart)
    local character = otherPart.Parent
    local humanoid = character:FindFirstChildWhichIsA("Humanoid")

    if humanoid then
        keyStone:SetAttribute("Activated", true)
        keyStone.Material = Enum.Material.Neon
    end
end

keyStone.Touched:Connect(onTouch)
```

提示　去掉部件的纹理

当部件的材质和颜色改变时，如果部件上有纹理，这些材质和颜色可能会因被纹理遮盖了而看不出变化。可以删除纹理，让这些属性改变时的效果得以展现。本例的重点是，当玩家与部件交互时，向玩家显示交互结果。

---

6. 开始游戏测试，确认部件可以呈现霓虹效果，如图 5.7 所示。

图5.7　基石在激活后会发出霓虹蓝光

门的脚本

当玩家角色走到门口时，邻近提示会显示一条信息，表示可以与门进行交互，如图 5.8 所示。

ProximityPrompt有许多可供使用的关联函数，但这些函数不会自动包含在脚本中，可以把服务 ProximityPromptService 添加到脚本中，然后通过它来使用这些函数。服务是可选

图5.8　当玩家角色靠近门时，显示邻近提示的默认信息

的代码集，它让脚本可以使用额外的函数。可以通过 GetService() 把服务赋值给变量，范例如下。

代码清单 5-16
```
local ProximityPromptService= game:GetService("ProximityPromptService")
```

提示　使用冒号调用函数
使用冒号可以调用对象的内置函数，GetService() 是顶层对象 game 的内置函数。

1. 在 Portal 里创建一个脚本。
2. 创建一个变量，用于获取 ProximityPromptService。
3. 分别创建变量来引用 Portal、KeyStone 和 ProximityPrompt。
4. 创建一个名为 onPromptTriggered() 的函数。

代码清单 5-17
```
local ProximityPromptService = game:GetService("ProximityPromptService")

local portal = script.Parent
local keyStone = workspace.KeyStone
local proximityPrompt = portal.ProximityPrompt

local function onPromptTriggered()

end
```

提示　命名函数
你可能已经注意到，事件函数的一般命名方法是：on+ 事件的名称。

5. 把函数连接到 ProximityPromptService 内置的 PromptTriggered 事件。

代码清单 5-18
```
local function onPromptTriggered()

end

ProximityPromptService.PromptTriggered:Connect(onPromptTriggered)
```

6. 在函数里获取 KeyStone 的特性 Activated 的值。

代码清单 5-19
```
local function onPromptTriggered()
    local KeyActivated = keyStone:GetAttribute("Activated")
end
```

5.4 else

7. 如果基石已经被激活，就把门的部件变透明，并关闭其碰撞属性 CanCollide。

代码清单 5-20
```
local function onPromptTriggered()
    local KeyActivated = keyStone:GetAttribute("Activated")

    if KeyActivated == true then
        portal.Transparency = 0.8
        portal.CanCollide = false
        print("Come on through")
    end
end
```

8. 否则，让门闪烁红光。

代码清单 5-21
```
local ProximityPromptService = game:GetService("ProximityPromptService")

local portal = script.Parent
local keyStone = workspace.KeyStone
local proximityPrompt = portal.ProximityPrompt
local originalColor = portal.Color

local function onPromptTriggered()
    local KeyActivated = keyStone:GetAttribute("Activated")
    if KeyActivated == true then
        portal.Transparency = 0.8
        portal.CanCollide = false
        print("Come on through")

    else
        portal.Color = Color3.fromRGB(255, 0, 0)
        wait(1)
        portal.Color = originalColor
        print("Activate the key stone to pass through the portal")
    end
end

ProximityPromptService.PromptTriggered:Connect(onPromptTriggered)
```

提示　考虑多人互动

用于保存门颜色的变量在脚本顶部获取门的原始颜色，而不是在函数中获取。因为如果在函数中获取门的原始颜色，当其他玩家刚好在与门交互时，获取到的门的颜色可能会是红色，而不是门的原始颜色。

测试脚本，确保玩家角色可以使用门。在属性窗口中，你可以自定义邻近提示文本（见图5.9），还可以设置玩家角色的交互距离。

图5.9 自定义的邻近提示文本

总结

使用条件语句可以让游戏世界变得生动，使游戏世界建立起因果联系。如果玩家角色触碰了危险的东西，就会失去生命；如果玩家角色触碰到其他东西，可以赋予其魔法力量或打开一扇新的门。

你可以使用 if-then、elseif 和 else 来创建代码执行流程，决定在什么情况下执行什么代码。脚本从顶部开始判断每个条件，如果条件为真，则执行对应部分代码，if-then 语句中的其余代码会被跳过。如果全部条件都不满足，可以使用 else 来指明让代码做什么。

在制作交互时，需要考虑玩游戏的玩家，确保事物符合玩家的预期，包括颜色变化、特效等视觉效果。

◆ 实践

回顾所学知识，完成测验。

测验

1. 双等号（==）表示_____。
2. 以下代码片段有什么问题？

代码清单 5-22

```
local health = 5
if health >= 10 then
    print ("You're at full health")
        elseif health < 10 then
```

```
        print("Find something to eat to regain health!")
    end
end
```

3. 通过_____可以在脚本中使用额外的代码集。
4. 什么运算符表示小于或等于?
5. 不是符号的运算符是_____。
6. 运算符 or 的意义是什么?

答案

1. 等于。 2. elseif 不应该是独立的代码块,它应该与 if 处于同一缩进层级,并且应该只有一个 end。 3. GetService()。 4. <=。 5. 逻辑运算符。 6. 如果任意一个条件为真,则判断结果为真。

练习

让玩家角色在触碰到加速器后,在短时间内获得快速移动的能力。Humanoid 的行走速度属性 WalkSpeed 的默认值是 16,这个速度还可以,但走得更快会更酷。制作一个部件,可以临时让玩家角色走得更快,然后在几秒钟后恢复到原来的速度。

可以使用 onTouch() 和 if-then 语句。当玩家角色获得快速移动的能力后,可以使用 ParticleEmitter(粒子发射器)对象在玩家身后发射粒子(见图 5.10),表示玩家角色的状态变化了。

提示

▶ 粒子发射器可以存储在 ServerStorage 中。
▶ 使用 GetService() 获取 ServerStorage。
▶ 使用 if-then 来检查是否是 Humanoid。
▶ 把 Humanoid 的 WalkSpeed 属性值从默认值 16 更改为 50。
▶ 使用函数 Clone() 来复制粒子发射器,然后把它的父级设为玩家。
▶ 几秒钟后,把 WalkSpeed 恢复为 16,然后销毁粒子发射器。

图5.10 当玩家角色获得快速移动的能力后,在它的后面发射粒子

参考代码见附录。

第 6 章

防抖和调试

在这一章里你会学习：
- ▶ 如何制作防抖系统；
- ▶ 什么是输出语句调试；
- ▶ 如何调整数值测试。

你已经知道了 Humanoid 是什么，学习了如何使用 if 来判断事物是不是 Humanoid，你可以编写代码让事物慢慢变化，而不用直接摧毁事物，或直接把玩家角色的生命值变为 0。也就是说，一次只变化一定数量，例如：让玩家角色的生命值一次只下降一部分，而不是直接降到 0；当玩家开采到一块矿石后，把它的财富值增加 1 等。

本章将介绍检查和修复代码问题的方法，使用字符串输出语句来查找代码出错的地方，还会讲解如何制作防抖系统、如何设计程序。

6.1 使用防抖来避免瞬间摧毁事物

制作一个陷阱，玩家角色触碰一次就扣除 10 点生命值。Humanoid 的默认最大生命值是 100。简单实现代码如下。

代码清单 6-1
```
local trap = script.Parent
local function damageUser(otherPart)
    local partParent = otherPart.Parent
    local humanoid = partParent:FindFirstChildWhichIsA("Humanoid")
```

```
    if humanoid then
        humanoid.Health = humanoid.Health - 10
        print("Ouch! Current health is " .. humanoid.Health)
    end
end
trap.Touched:Connect(damageUser)
```

由于物理引擎的碰撞处理机制，你会发现代码几乎同时触发了多个碰撞事件，造成了比预期更多的伤害。在图6.1所示的输出信息中，你可以从左侧的时间戳中看到，玩家的生命值在迅速下降。

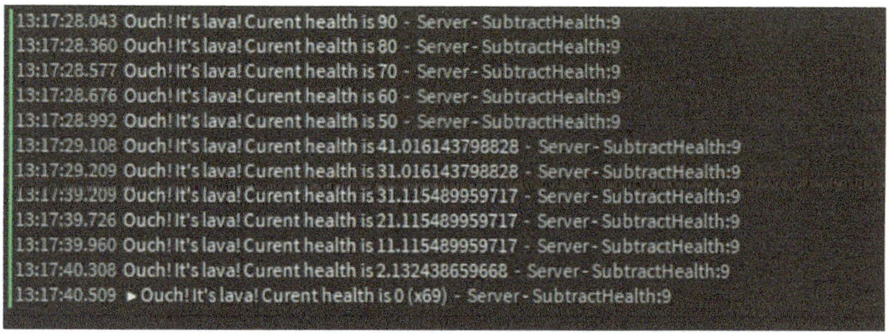

图6.1 输出信息显示，陷阱触发的频率比预期高

我们不希望代码这么快被执行这么多次，而是希望一次触碰，代码只执行一次，并且等待一段时间才能再次执行。把一个会触发多次的动作限制为只触发一次的方法称为防抖。

下面的代码是在前面的代码片段中增加了一个防抖系统，可以在设定的时长内禁用陷阱。

代码清单 6-2

```
local trap = script.Parent
local RESET_SECONDS = 1 -- 陷阱被禁用的时长
local enabled = true -- 此变量是 true 时才伤害玩家
local function damageUser(otherPart)
    local partParent = otherPart.Parent
    local humanoid = partParent:FindFirstChildWhichIsA("Humanoid")
    if humanoid then
        if enabled == true then -- 判断是否使用陷阱
            enabled = false -- 把变量设为 false 来禁用陷阱
            humanoid.Health = humanoid.Health - 10
            print("OUCH!")
            wait(RESET_SECONDS) -- 等待的时长
            enabled = true -- 重新启用陷阱
        end
```

```
    end
end
trap.Touched:Connect(damageUser)
```

> ▼ 小练习
>
> **采矿模拟器**
>
> 制作一个采矿模拟器，使得玩家每次开采到矿石（见图6.2）时都会获得黄金。这个练习把邻近提示用在采矿和排行榜中，玩家可以在排行榜上看到他们收集了多少黄金。

图6.2　闪闪发光的金矿石

制作记分牌

你将使用罗布乐思内置的排行榜（见图 6.3 右上角）。排行榜不仅可以用来显示分数，还可以用来显示玩家的级别、拥有多少资源和所在的队伍。

图6.3　罗布乐思内置的排行榜

每当玩家进入游戏时，其相关数据都要被添加到排行榜中，步骤如下。

1. 在 ServerScriptService 中创建一个脚本 Leaderboard（见图 6.4）。

图6.4　在ServerScriptService中创建脚本Leaderboard

2. 获取 Players 服务，把 leaderboardSetup() 函数连接到 PlayerAdded 事件。

代码清单 6-3
```
local Players = game:GetService("Players")
local function leaderboardSetup(player)

end
-- 把 leaderboardSetup() 函数连接到 PlayerAdded 事件
Players.PlayerAdded:Connect(leaderboardSetup)
```

3. 在 connected() 函数中创建一个 Folder 实例，将其命名为 leaderstats，然后把它的父级设为玩家。

代码清单 6-4
```
local function leaderboardSetup(player)
    local leaderstats = Instance.new("Folder")
    leaderstats.Name = "leaderstats"
    leaderstats.Parent = player
end
```

提示　确保命名为 leaderstats

　　需要确保文件夹被命名为 leaderstats（全小写），如果使用其他名称，罗布乐思不会把玩家添加到排行榜。

4. 设置排行榜上的显示数据。
   a. 创建一个局部变量 gold 并赋值为新创建的 IntValue 实例。
   b. 把 IntValue 实例命名为 Gold，此名称会在排行榜上显示给玩家。
   c. 把 IntValue 的 Value 属性值设为 0。
   d. 把 IntValue 的父级设为 leaderstats。

代码清单 6-5
```
local Players = game:GetService("Players")

local function leaderboardSetup(player)
```

```
    local leaderstats = Instance.new("Folder")
    leaderstats.Name = "leaderstats"
    leaderstats.Parent = player

    local gold = Instance.new("IntValue")
    gold.Name = "Gold"
    gold.Value = 0
    gold.Parent = leaderstats
end
Players.PlayerAdded:Connect(leaderboardSetup)
```

> **提示** IntValue 对象可以帮助规范数值
> IntValue 是只支持整数的特殊对象,这样就可以保证积分不会被意外地设为错误的分值,如 6.7 分。

制作金矿石对象

你可以使用部件或网格制作金矿石,也可以复制罗布乐思 Studio 的模板中的网格,把它粘贴到你的游戏中。与第 5 章的门一样,你可以使用邻近提示对象让玩家与矿石进行交互,另外,你还需要添加一个特性。邻近提示对象可以通过 HoldDuration 属性来使用其自带的防抖功能。

1. 使用一个部件或一个网格制作金矿石。
2. 在金矿石部件里创建邻近提示对象。
3. 把邻近提示对象重命名为 GoldOre。这很重要,因为要使用此名称来判断是否有正确的邻近提示。
4. 在邻近提示对象的属性窗口中修改内容如下,如图 6.5 所示。

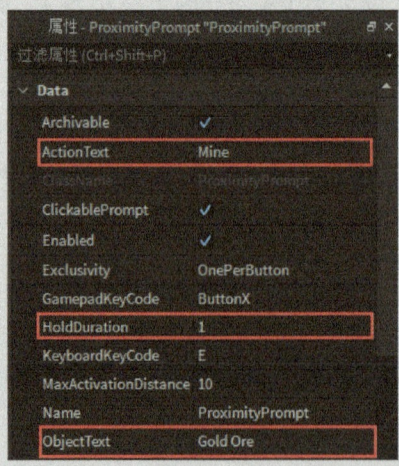

图6.5 修改ActionText、HoldDuration和ObjectText属性

- **ActionText**:Mine。
- **HoldDuration**:1(这是玩家按住开采矿石按钮的持续时间)。
- **ObjectText**:GoldOre。

5. 选择金矿石部件,为其添加一个名为ResourceType的特性,类型设为字符串。
6. 把ResourceType设为Gold,如图6.6所示。

图6.6 把ResourceType设为Gold

提示 特性可以让代码复用

使用特性给收集对象增加标记ResourceType,就可以用同一个脚本处理这些对象。

编写金矿石脚本

下面来设置邻近提示对象的交互,但这次要在ServerScriptService中创建脚本,因为有大量的金矿石需要使用此脚本。

使用PromptTriggered事件来判断玩家是否按住按钮并保持了所需的时间。

1. 在ServerScriptService中创建一个脚本。
2. 在脚本顶部获取ProximityPromptService,然后创建一个变量,用于存储邻近提示使用的间隔时间。
3. 创建一个连接到PromptTriggered事件的函数,函数包含两个参数,按顺序为prompt和player。这样就能知道玩家什么时候完成了长按按钮操作。

代码清单 6-6

```
local Players = game:GetService("Players")
local ProximityPromptService = game:GetService("ProximityPromptService")

local isEnabled = true -- 防抖变量
local DISABLED_DURATION = 4
```

```
local function onPromptTriggered(prompt, player)

end
Proxim ityPromptService.PromptTriggered:Connect(onPromptTriggered)
```

提示 触发提示函数需要两个参数

当触发提示时，函数的两个参数分别为触发它的提示和触发它的玩家。本例中只需要用到玩家，但参数是按顺序排列的，所以如果你想要第二个参数，就需要两个参数占位符。

---

4. 游戏中可能有很多邻近提示对象，所以可通过查找提示的父级来确认提示是否包含一个名为 ResourceType 的特性。

代码清单 6-7

```
local ProximityPromptService = game:GetService("ProximityPromptService")

local DISABLED_DURATION = 4

local function onPromptTriggered(prompt, player)
    local node = prompt.Parent
    local resourceType = node:GetAttribute("ResourceType")
end

ProximityPromptService.PromptTriggered:Connect(onPromptTriggered)
```

5. 如果有 ResourceType，并且 prompt.Enabled 等于 true，就把提示禁用。

代码清单 6-8

```
local function onPromptTriggered(prompt, player)
    local node = prompt.Parent
    local resourceType = node:GetAttribute("ResourceType")
    if resourceType and prompt.Enabled then
        prompt.Enabled = false
    end
end
```

6. 找到玩家的 leaderstats，用 resourceType 更新排行榜。

代码清单 6-9

```
local function onPromptTriggered(prompt, player)
    local node = prompt.Parent
```

```
        local resourceType = node:GetAttribute("ResourceType")
        if resourceType and prompt.Enabled then
            prompt.Enabled = false

            local leaderstats = player.leaderstats
            local resourceStat = leaderstats:FindFirstChild(resourceType)
            resourceStat.Value += 1

        end
end
```

7. 等待一定时间后,重新启用提示,以便再次使用。

代码清单 6-10

```
local ProximityPromptService = game:GetService("ProximityPromptService")
local DISABLED_DURATION = 4

local function onPromptTriggered(prompt, player)
    local node = prompt.Parent
    local resourceType = node:GetAttribute("ResourceType")
    if resourceType and prompt.Enabled then
        prompt.Enabled = false

        local leaderstats = player.leaderstats
        local resourceStat = leaderstats:FindFirstChild(resourceType)
        resourceStat.Value += 1

        wait(DISABLED_DURATION)

        prompt.Enabled = true

    end
end

ProximityPromptService.PromptTriggered:Connect(onPromptTriggered)
```

当矿石不能开采时,可增加一些视觉指示,例如改变矿石的透明度或颜色(见图 6.7)。制作好一个矿石后,可以复制出多个矿石。

因为只有一个控制脚本在 ServerScriptService 中,所以以后对脚本进行修改会非常容易,无论游戏中有多少个矿石。

图6.7 不可开采的矿石

提示　保存玩家数据

目前的代码还没保存玩家数据，玩家每次加入游戏时都会重新开始。第17章将会介绍如何保存玩家数据。

6.2 查找出现问题的原因

我们都会犯错，即使是有多年编程经验的罗布乐思开发者，他们也会犯错。关键是要有侦探般的态度，能找出代码出了什么问题，以及代码出现问题的原因。接下来将介绍一些用于调试代码和迭代代码的方法，帮助你开发出更好的作品。

6.2.1 使用输出语句调试

随着编程能力的提高和练习的积累，你会频繁地遇到执行代码不成功的情况。首先要检查代码里明显的错误和输出窗口中带下划线的错误信息，但有时这不足以解决问题。

这时就要找出代码里没有按预期执行的地方。也许是某个函数没有被调用，或者变量的值不是期望的值。缩小检查范围的一种方法是使用输出语句，使用输出语句来验证变量是否符合预期，以及代码是否按预期执行。

例如，如果要确认是否调用了某个函数，可以在此函数的开头增加一条输出语句。

6.2 查找出现问题的原因

代码清单 6-11

```lua
local speedBoost = script.Parent

local function onTouch(otherPart)
    print("onTouch was called!")
    -- 代码主体
end

speedBoost.Touched:Connect(onTouch)
```

如果在输出窗口中没有看到"onTouch was called!"，你就知道这个函数没有被调用。也许是因为事件没有被触发，也许是因为事件还没连接到函数。如果你可以看到这个输出信息，那么继续检查问题是否与下一个代码块有关，验证下一个代码块是否按预期执行。以下的代码块用于提升玩家角色的行走速度，这个代码块在部件的脚本中。

输出语句用于检查玩家角色的行走速度，它用在改变速度之前、改变速度之后、恢复正常速度之后。

这样你就可以验证代码是否被执行，并且行走速度 WalkSpeed 是否按照预期进行变化。

代码清单 6-12

```lua
local speedBoost = script.Parent

local function onTouch(otherPart)
    print("onTouch was called!")
    local character = otherPart.Parent
    local humanoid = character:FindFirstChildWhichIsA ("Humanoid")
    if humanoid and humanoid.WalkSpeed <= 16 then
    -- 检查速度提升前的 Humanoid 的行走速度
    print("Original walk speed is " .. humanoid.WalkSpeed)
        humanoid.WalkSpeed = 30
        print("New walk speed is " .. humanoid.WalkSpeed)
        wait(1) -- 提升持续的时间
        humanoid.WalkSpeed = 16
        print("Walk speed is returned to " .. humanoid.WalkSpeed)
    end
end

speedBoost.Touched:Connect(onTouch)
```

完成代码测试后，需要删除所有不必要的输出语句，因为每多执行一行代码都会使脚本变慢一些，脚本还有很多工作要做，删除不必要的代码可以让脚本执行得更快。

6.2.2 调整数值测试

虽然上面的代码执行正常，但你可能还需要对其做一些调整。在上面的代码中，你不确定玩家角色走多快更合适，或持续多长时间更合适。比较好的做法是，把影响玩家体验的变量移到脚本顶部，让你和团队开发者更容易根据需要进行调整。

以下代码与上面的代码执行效果相同，只是在顶部创建了变量，用于存储玩家角色的速度和持续的时间。

代码清单 6-13

```
local speedBoost = script.Parent

local BOOSTED_SPEED = 20
local BOOST_DURATION = 1

local function onTouch(otherPart)
    local character = otherPart.Parent
    local humanoid = character:FindFirstChildWhichIsA ("Humanoid")
    if humanoid and humanoid.WalkSpeed <= 16 then
    print("Original walk speed is " .. humanoid.WalkSpeed)
        humanoid.WalkSpeed = BOOSTED_SPEED
        print("New walk speed is " .. humanoid.WalkSpeed)
        wait(BOOST_DURATION) -- 提升持续的时间
        humanoid.WalkSpeed = 16
        print("Walk speed is returned to " .. humanoid.WalkSpeed)
    end
end

speedBoost.Touched:Connect(onTouch)
```

如果脚本非常长，找到要使用的值需要花很长时间，特别是在多个地方使用了相同的值，使用在顶部创建变量的方法可以为你节省大量修改代码的时间。

在整个脚本中从不改变值的变量称为常量，例如 BOOSTED_SPEED 和 BOOST_DURATION。与普通变量不同，它们是全大写形式，并且单词之间用下划线（_）分隔。

小练习

调整 SpeedBoost

使用前面的代码调整速度和持续时间数值，调到你觉得合适为止。在调整数值时，可以使用加倍和减半的方法，如果你不确定要使用多大的数值，这个方法很好用。

1. 创建一个部件或网格，并在里面创建脚本，如图6.8所示。

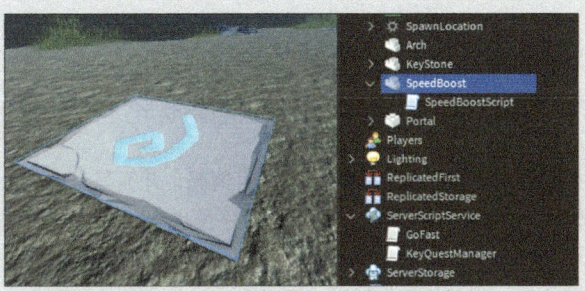

图6.8 在网格或部件中创建脚本

2. 在玩家角色接触部件后，临时提升其速度。你可以使用本章前面的代码，或者如果你做过第 5 章中的练习，可以修改该代码，使用常量。
3. 可以把 BOOSTED_SPEED 和 BOOST_DURATION 的值加倍以调整到合适的值。
4. 测试并查看结果。如果感觉还是不够快或持续时间不够长，可以再次加倍；如果感觉太快或持续时间太长，可以减小一半的增量。

6.2.3 检查特性的值

大多数变量的值都可以输出，但特性有点不一样，需要把特性的值赋给变量再输出。

代码清单 6-14

```
local activatedValue = weapon:GetAttribute("Activated")
print(activatedValue)
```

在需要检查特性的值时，可以使用这个方法。

6.2.4 使用正确类型的值

你还需要注意传递给函数的值的类型。

好的代码会考虑到当函数传入了不正确类型的值时会发生错误。如果你尝试把字符串传递给 wait()，那么传入的字符串就会被忽略，并使用 30 秒的默认值。

代码清单 6-15

```
local part = script.Parent
wait("twenty") -- 会使用默认值，因为 wait() 不接受字符串类型的值
part.Color = Color3.fromRGB(170, 0, 255)
```

总结

有很多防抖方法可以确保代码只执行一次。你可能使用过这种方法：一旦有东西接触到对象，就删除对象。本章使用的两种方法是设置防抖变量和使用长按的邻近提示。无论使用哪种方法，都需要考虑对玩家的影响。

作为一个程序员，很多时候要考虑到可能出现的所有情况，并编写考虑周全的、不会中断的代码，同时给玩家提供最佳的体验。犯错是很正常的，优秀的程序员也会犯错，包括那些开发了你喜欢的罗布乐思作品的程序员。

如果代码没有按预期执行，可以使用作用域、函数和事件等来检查问题产生的原因。使用一些合适的输出语句可以验证函数是否被调用，检查数值是否符合预期。

问答

问　在排行榜中，可以使用除 IntValue 以外的类型的实例吗？
答　可以，你可以创建其他类型的实例。例如，在图 6.9 所示的排行榜中，StringValue 类型的实例用于显示角色阵营的名称。
问　显示的排行榜数据的数量是否有上限？
答　排行榜最多可以显示 4 个数据，但其他未显示的数据仍然可以正常使用。
问　可以创建自定义排行榜吗？
答　可以，后文将介绍如何获取某个人或服务器中每个人的信息。

图6.9　排行榜中使用StringValue类型的实例显示阵营名称

实践

回顾所学知识，完成测验。

测验

1. 确保代码只执行一次的方法叫什么？
2. 在脚本执行过程中不会改变值的变量叫什么？
3. 上题中的变量与其他变量在格式上有什么区别？

4. 为了提升用户体验而调试代码时，有什么简单的方法可以调出要使用的值？
5. 如何输出特性的值？

答案

1. 防抖。　2. 常量。　3. 全大写，并且单词之间加下划线（_）。　4. 加倍或减半。　5. 先把特性赋值给一个变量，然后输出此变量。

代码清单 6-16

```
local armorValue = Helm:GetAttribute("Armor")
print(armorValue)
```

练习

程序员的大部分工作都是思考可能出现的问题，以及如何使作品变得更好。

第一个练习，回顾目前为止你编写过的代码，写下至少3个可以使代码变得更好的方法，可以是解决代码中的问题，也可以是改善用户体验的功能。

你可能还不能编写代码方案，但你应该养成查找代码问题的习惯。

第二个练习，制作两个东西：一个让玩家角色变小，一个让玩家角色变大（见图6.10）。不要设为3个特定大小的值，使用乘数来修改当前玩家角色的大小比例。参考代码见附录。

使用防抖变量来控制玩家角色放大和缩小的频率。如果函数的触发频率太高，可能会导致游戏崩溃。

图6.10　机器人被放大后在城市中漫步

提示

▶ 可以修改以下属性来改变玩家角色的身体比例。
  ▶ Humanoid.HeadScale：头部的比例。
  ▶ Humanoid.BodyDepthScale：身体厚度的比例。
  ▶ Humanoid.BodyWidthScale：身体宽度的比例。
  ▶ Humanoid.BodyHeightScale：身体高度的比例。
▶ 在改变玩家角色的身体比例之前，设置一个简单的防抖来避免游戏崩溃。
▶ 在测试之前保存。如果玩家角色的身体比例太大，可能会引起游戏崩溃。

第 7 章

while循环

在这一章里你会学习：
- 什么是while循环；
- 如何无限循环地执行任务；
- 如何制作需要添加燃料才能保持的火焰；
- 了解while循环的作用域。

你有没有觉得自己陷入了一个循环，每天一遍又一遍地做同样的事情？起床、吃早餐、努力工作、回到床上，然后第二天再做同样的事情。在我们的世界里可以看到很多类似的循环，时钟上的分针60分钟完成一次循环，时针每24小时完成一次循环。

脚本也有循环，当代码块在循环中时，就会重复做同样的任务，直到满足或不满足某种条件时才停下来。这一章介绍一种代码中常见的循环：while 循环。

7.1 无限循环：while true do

while 循环通常用于检查事物的状态，它会不断地重复执行，直到某条件不再满足时才会终止；它也可以无限地循环执行。以下是 while 循环的示例代码。

代码清单 7-1

```
local isHungry = true

while isHungry == true do
```

```
    print("I should eat something")
    wait(2.0)
end
```

这里的主要关键字是 while 和 do。在这两个关键字中间的是 while 循环的判断条件，只要该条件为真，代码就会重复执行。如果你希望代码无限地重复执行，可以简单地把判断条件设为 true。

代码清单 7-2
```
while true do
    print(count)
    count = count + 1
    wait(1.0)
end
```

上面的示例代码是每秒累加一次，并在输出窗口中输出结果数值，它会不断地重复执行，直到游戏停止。

7.2 要记住的一些事情

使用 while 循环时要记住如下要点：一是每个 while 循环都应该包含一个等待函数，如果不使用等待函数，很有可能会出现执行太快导致游戏卡顿或崩溃的情况；二是下一个循环会在前一个循环完成后立即开始。

> ▼ 小练习
>
> **制作一个舞台**
> 制作一个舞台，要求舞台的地板部件循环转变为一系列特定的颜色，在本例中是蓝色和橙色。
> 1. 创建一个部件作为地板，在部件里创建一个脚本，代码如下。
>
> #### 代码清单 7-3
> ```
> local discoPiece = script.Parent
>
> while true do
>     discoPiece.Color = Color3.fromRGB(0, 0, 255)
>     wait(1.0)
>     discoPiece.Color = Color3.fromRGB(255, 170, 0)
> end
> ```

2. 执行代码，你看到的颜色只有蓝色。因为前一个循环结束后，下一个循环立即开始，橙色显示的时间非常短，所以看不见。
3. 解决此问题的方法是，在颜色更改为橙色后，添加第二个等待函数。

代码清单 7-4

```lua
local discoPiece = script.Parent

while true do
    discoPiece.Color = Color3.fromRGB(0, 0, 255)
    wait(1.0)
    discoPiece.Color = Color3.fromRGB(255, 170, 0)
    wait(1.0)
end
```

如果想让整个循环只有一个等待函数，可以把等待函数放在判断条件中。例如，让图 7.1 所示的地板每秒改变一种随机的颜色的代码如下。

代码清单 7-5

```lua
local discoPiece = script.Parent

while wait(1.0) do
    -- 获取 RGB 的随机值
    local red = math.random(0, 255)
    local green = math.random(0, 255)
    local blue = math.random(0, 255)
    -- 分配颜色值
    discoPiece.Color = Color3.fromRGB(red, green, blue)
end
```

图7.1　使用while循环和随机数来制作一个不断变化的舞台

7.2 要记住的一些事情

▼ 小练习

保持营火燃烧

本练习使用 while 循环来制作需要添加燃料才能保持的火焰。通过邻近提示对象添加燃料后,火才能燃烧起来,燃烧一会儿之后,又会熄灭(见图 7.2)。

图7.2 使用while循环来制作消耗燃料的火

首先,制作火和邻近提示对象,制作好后,就可以把火复制到场景或模型中。

1. 创建一个透明的部件来放置火。
2. 把部件命名为 CampFire,为其添加一个特性。
▶ 名称:**Fuel**。
▶ 类型:**Number**。
3. 在部件里创建一个粒子发射器并命名为 Fire,创建一个邻近提示对象并命名为 AddFuel(见图 7.3)。

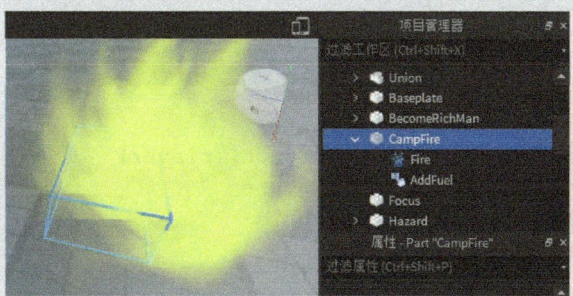

图7.3 在透明部件里创建粒子发射器和邻近提示对象

提示 制作火

把 Fire 粒子发射器的 Texture 属性值设置为 4797593940,把 Speed 属性值设置为 0,就可以获得示例中的火粒子。还可以尝试调整 Color(颜色)、Drag(阻力)和 Lifetime(生命周期)等属性的值。

4. 在粒子发射器的属性窗口中取消勾选 Enabled,后续会在脚本中再将其打开。
5. 在邻近提示对象的属性窗口中把 HoldDuration 改为 2。

脚本

当邻近提示对象被触发时，添加燃料，并且火会被点燃，使用while循环每秒消耗一次燃料，当燃料减少到0时，火就会熄灭。

1. 在ServerScriptService中创建一个脚本。
2. 获取ProximityPromptService，连接触发提示的函数。在函数里，判断提示是否为启用状态，并且判断触发提示是否为AddFuel。

代码清单7-6
```lua
local ProximityPromptService = game:GetService("ProximityPromptService")

local BURN_DURATION = 3

local function onPromptTriggered(prompt, player)
    if prompt.Enabled and prompt.Name == "AddFuel" then
        
    end
end

ProximityPromptService.PromptTriggered:Connect(onPromptTriggered)
```

3. 创建一个常量来设定火燃烧的时长，在if语句中创建火部件和火粒子的变量。

代码清单7-7
```lua
local ProximityPromptService = game:GetService("ProximityPromptService")

local BURN_DURATION = 3

local function onPromptTriggered(prompt, player)
    if prompt.Enabled and prompt.Name == "AddFuel" then
        local campfire = prompt.Parent
        local fire = campfire.Fire -- 粒子发射器
    end
end

ProximityPromptService.PromptTriggered:Connect(onPromptTriggered)
```

4. 获取特性Fuel的当前值，并累加1。

代码清单7-8
```lua
local function onPromptTriggered(prompt, player)
    if prompt.Enabled and prompt.Name == "AddFuel" then
        local campfire = prompt.Parent
        local fire = campfire.Fire -- 粒子发射器
        local currentFuel = campfire:GetAttribute("Fuel")
```

```
        campfire:SetAttribute("Fuel", currentFuel + 1)

    end
end
```

5. 再使用一个if语句来判断粒子效果是否关闭，如果是，就开启粒子效果。

代码清单 7-9
```
local function onPromptTriggered(prompt, player)
    if prompt.Enabled and prompt.Name == "AddFuel" then
        local campfire = prompt.Parent
        local fire = campfire.Fire -- 粒子发射器

        local currentFuel = campfire:GetAttribute("Fuel")
        campfire:SetAttribute("Fuel", currentFuel + 1)

        if not fire.Enabled then
            fire.Enabled = true
        end
    end
end
```

6. 使用while循环每秒消耗一次燃料，燃料消耗完后关闭粒子效果。

代码清单 7-10
```
local ProximityPromptService = game:GetService("ProximityPromptService")

local BURN_DURATION = 3

local function onPromptTriggered(prompt, player)
    if prompt.Enabled and prompt.Name == "AddFuel" then
        local campfire = prompt.Parent
        local fire = campfire.Fire -- 粒子发射器

        local currentFuel = campfire:GetAttribute("Fuel")
        campfire:SetAttribute("Fuel", currentFuel + 1)

        if not fire.Enabled then
            fire.Enabled = true
            while campfire:GetAttribute("Fuel") > 0 do
                local currentFuel = campfire:GetAttribute("Fuel")
                campfire:SetAttribute("Fuel", currentFuel - 1)
                wait(BURN_DURATION)
            end
            fire.Enabled = false
        end
```

```
    end
end

ProximityPromptService.PromptTriggered:Connect(onPromptTriggered)
```

开始游戏测试，如果邻近提示的 UI 挡住了火焰，可以通过邻近提示的 UIOffset 属性把 UI 移动到更高的位置（见图 7.4）。

当火可以按预期工作时，就可以把它放到更高级的环境中，如图 7.5 所示。

你可以对这个火的功能进行扩展，例如让玩家在附近的树木中收集木柴。

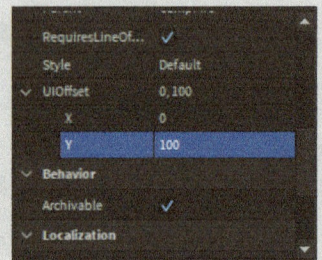

图7.4 通过邻近提示的UIOffset属性调整邻近提示UI的位置

图7.5 左边是一个大圣杯，右边是一个壁炉

7.3 while循环和作用域

关于 while 循环，你必须要知道的是，除非循环被打破，否则 while 循环体之后的代码是永远都不会被执行的。

代码清单 7-11
```
print("The loop hasn't started yet") -- 会执行一次
while wait(1.0) do
    print("while loop has looped") -- 会执行到服务器停止
end
print("The while loop has stopped looping ") -- 永远不会执行
```

 总结

随着你开发的作品越来越多，你会发现更多的无限循环实例和只在某些情况下循环的实例。有些循环短而快，例如产生闪烁灯光的循环；有些循环会很长，控制整个游戏流程，例如回合制游戏中的循环，玩家在大厅等待一定时间，然后被传送到开始游戏的地方，回合结束时，清除本回合的内容，玩家又被送回大厅，然后循环重新开始。

在使用 while 循环时要注意循环的影响范围，因为 while 循环会不断地重复执行，除非循环被打破，否则循环体之后的代码是永远不会被执行的，所以循环的影响范围很重要。

如果你不希望服务器启动后立刻开始循环，你可以把 while 循环放在一个函数中来控制它何时开始。

 问答

问　　如何让一段代码只重复一定次数？
答　　如果你想让一段代码只重复一定次数，例如想创建 10 棵树，你可以使用 for 循环，第 8 章会介绍 for 循环。
问　　如何在条件为假时才执行循环？
答　　在条件为假时执行一段代码，有两个方案。第一个方案是设置一个条件，例如 while NumberOfPlayers ~= 0 do ，只要玩家人数不等于零，这段代码就会执行。第二个方案是使用 repeat action until(condition) 语句，它可以让一段代码无限重复执行，直到条件变为真。

 实践

回顾所学知识，完成测验。

测验

1. while 循环会执行到什么时候？
2. while 循环必须包含什么？为什么？
3. 以下循环多久输出一次 hello ？

代码清单 7-12

```
while wait(1.0) do
    print("hello")
    wait(1.0)
end
```

4. 以下代码中的地板会变化多少种颜色？

代码清单 7-13

```
local discoFloor = script.Parent

while wait(2.0) do
    print("hello")
end
```

```
while true do
    discofloor.Color = Color3.fromRGB(0, 0, 255) -- 蓝色
    wait(1.0)
    discofloor.Color = Color3.fromRGB(255, 255, 0) -- 黄色
end

discofloor.Color = Color3.fromRGB(255, 0, 127) -- 粉红色
```

答案

1. 判断条件为假时。 2. while 循环必须包含等待函数，否则，代码循环执行得太频繁可能会超过引擎的负荷，从而导致游戏崩溃。 3. 每两秒输出一次。判断条件中有一秒钟的等待，循环中有一秒钟的等待。 4. 地板永远不会变色。因为第一个无限循环导致第二个循环不会被执行。如果去掉第一个循环，它会只显示为蓝色。因为黄色会显示得太快而无法被看到，而粉红色的设置代码在循环体之后，永远不会被执行。

练习

第一个练习，修改保持营火燃烧小练习中的代码，让玩家必须收集木柴来生火，而不是简单地走到火旁边点燃它（见图 7.6）。

图7.6　收集木柴来作为燃料生火

提示

- 使用排行榜来显示玩家拥有多少木柴。
- 可以使用采矿的代码来收集木柴。
- 修改火的脚本，使它从玩家那里获取木柴作为燃料。

编程和设计的一个普遍现象是，在游戏中放的副本越多，修改就越困难，无论这些副本是脚本、粒子效果还是模型。

第二个练习[1]，尝试修改火的脚本，复制一个粒子发射器到火中，而不是打开现有的粒子发射器。

提示

- 还是需要一个部件来放置邻近提示对象。
- 复制粒子发射器需要用到 ReplicatedStorage。

1　原书作者未在附录中给出该练习答案，故该练习属于扩展练习。——译者注

第 8 章

for循环

在这一章里你会学习：
- 如何使用for循环重复执行任务；
- 如何使用嵌套循环；
- 如何退出嵌套循环；
- 如何制作显示信息；
- 如何使玩家角色随着时间逐渐受到伤害。

目前我们已经学习了 while 循环，如果需要，它可以实现无限循环。

如果你希望代码只重复执行一定次数，可以使用另一种循环：for 循环。for 循环比 while 循环更方便做一定次数的循环，达到指定次数就会退出循环。

图 8.1 所示为应用 for 循环实现的撞击倒计时。

图8.1 应用for循环实现的撞击倒计时

第 8 章 for 循环

▼ 小练习

测试倒计时

测试倒计时到 0 的简单 for 循环，代码的细节会在本章后面部分解释。

1. 把以下代码复制到脚本中。

代码清单 8-1

```
for countDown = 10, 0, -1 do
    print(countDown)
    wait(1.0)
end
```

2. 开始游戏测试，你可以在输出窗口中看到图 8.2 所示的从 10 到 0 的倒计时。

图8.2 从10到0的倒计时

8.1 for循环介绍

for 循环使用 3 个值来控制执行的次数，格式如图 8.3 所示。

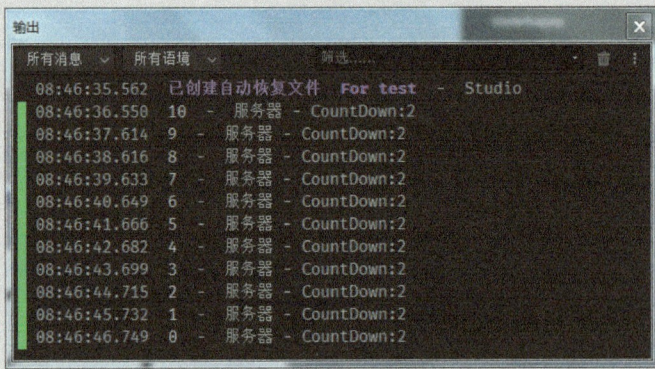

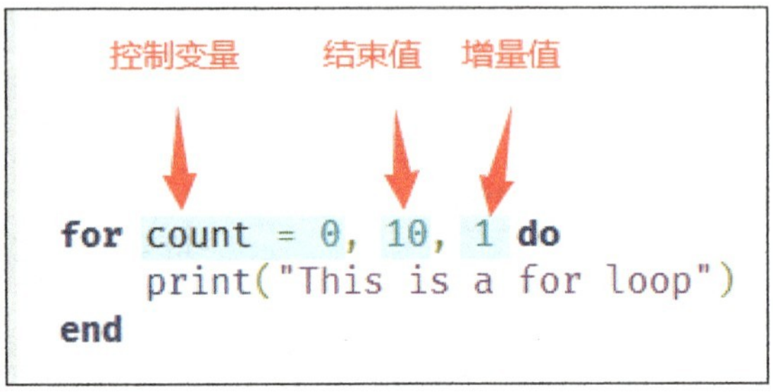

图8.3 控制for循环执行次数的3个值是控制变量、结束值和增量值

8.1 for 循环介绍

- **控制变量**：赋值为起始值，控制变量可以任意命名，但与其他变量名称一样，控制变量的名称要能清晰地表达 for 循环要做什么。
- **结束值**：控制变量超过该值后退出循环，在开始下一个循环之前，会比较控制变量与结束值的大小。
- **增量值**：控制变量每次变化的量，正增量值向上递增，负增量值向下递减。

for 循环的控制变量从起始值开始，向结束值计数，一旦超过结束值循环就停止。

1. for 循环把控制变量与结束值进行比较（见图 8.4）。
2. 执行完代码后，把增量值添加到控制变量中，然后判断控制变量的大小，如果满足条件，再次执行循环体代码（见图 8.5）。

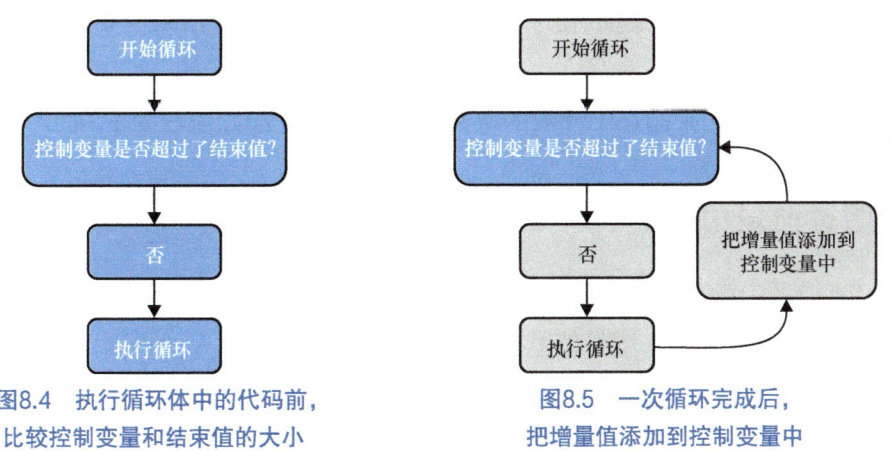

图8.4 执行循环体中的代码前，比较控制变量和结束值的大小

图8.5 一次循环完成后，把增量值添加到控制变量中

3. 一旦控制变量超过结束值，循环就会停止。例如，循环的结束值为 10，一旦控制变量超过 10，for 循环就会停止。完整的 for 循环流程图如图 8.6 所示。

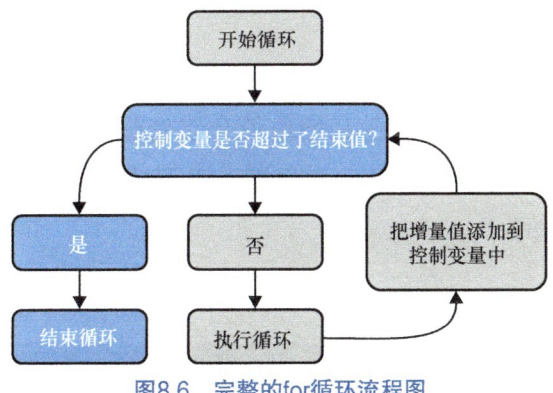

图8.6 完整的for循环流程图

让我们再看看前面练习中的输出窗口的显示（见图 8.7）。

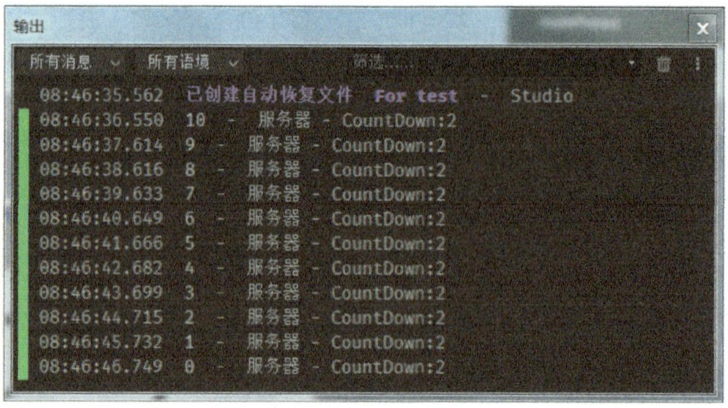

图8.7　for循环的输出窗口显示每循环一次减1

每次输出数字的循环称为迭代，一次迭代就是一个判断控制变量、执行代码和添加增量值的完整过程。由于起始值为10，循环在控制变量小于结束值0后结束，所以共有11次迭代。

在设计循环时，如果循环中计数的次数很重要，就把起始值设为1，而不是0。

8.1.1　增量值是可选的

如果for循环中没有包含增量值，就会使用默认值1作为增量值，例如以下代码，从0开始，向上计数到10，增量值默认为1。

代码清单 8-2
```
for countUp = 0, 10 do
    print(countUp)
    wait(1.0)
end
```

8.1.2　不同的for循环示例

修改for循环的起始值、结束值和增量值会改变循环的功能，例如8.1.1小节的for循环可以改为最多计数10次或以奇数倒数。以下是一些具有不同起始值、结束值和增量值的for循环示例。

增量值为1

代码清单 8-3
```
for count = 0, 5, 1 do
    print(count)
    wait(1.0)
end
```

增量值为偶数

代码清单 8-4
```
for count = 0, 10, 2 do
    print(count)
    wait(1.0)
end
```

注意不要颠倒起始值和结束值,如下所示。

代码清单 8-5
```
for count = 10, 0, 1 do
    print(count)
    wait(1.0)
end
```

如果控制变量的起始值已经超过了结束值,for 循环是不会执行的。在上面的示例代码中,for 循环向上计数,并判断 count 是否大于 0,当 for 循环进行第一次判断时,10 大于 0,所以停止循环,不输出任何内容。

▼ 小练习

制作倒计时

到目前为止的练习中,我们都只在输出窗口中显示信息,本练习在游戏场景中向玩家显示信息。在这个练习中,使用图形用户界面(Graphical User Interface,GUI)显示信息,让每个玩家都可以看到。GUI 就像便利贴,可用于在游戏世界里显示信息。

制作倒计时显示时,可以在部件里创建一个 SurfaceGui 和 TextLabel,并调整它们来适配部件。由于这是一本编程书,我们不会过多地介绍这些控件的工作原理,如果你想了解更多,可以在罗布乐思开发者官方网站查找更详细的说明。

1. 创建一个部件。
2. 在部件里创建 SurfaceGui 对象,此时还无法察觉到部件上有任何变化,因为 SurfaceGui 对象只是用于显示内容的容器。
3. 在 SurfaceGui 里创建一个 TextLabel 对象,用于显示实际的文本(见图 8.8)。

图 8.8 TextLabel 对象被添加到部件的一侧

> **提示　找出 TextLabel**
>
> 如果你看不到 TextLabel，那么它可能在部件的另一侧，你可以旋转部件来找到它，或者修改 SurfaceGui 对象的 Face 属性来改变它的显示面。

4. 选中 TextLabel 对象，在属性窗口中展开 Size，把 X 的 Scale 设为 1、Offset 设为 0，把 Y 也这样调整，使 TextLabel 能铺满部件的整个侧面（见图 8.9）。

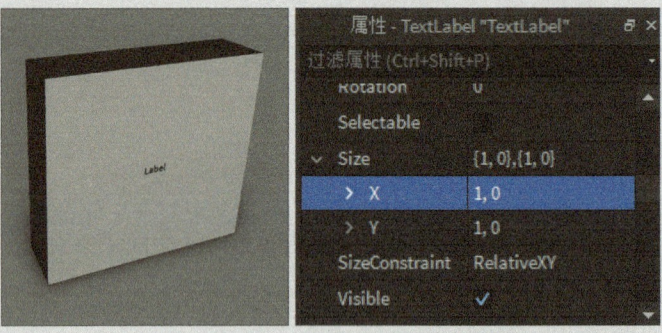

图8.9　TextLabel铺满了部件的整个侧面

5. 在 TextLabel 的属性窗口中勾选 TextScaled，文本会自动调整字体大小以适配整个TextLabel，如图 8.10 所示。

编写倒计时代码

使用脚本来修改 TextLabel 的显示内容。

1. 在部件里创建一个脚本。
2. 使用变量来引用脚本的父级和 TextLabel。
提示: 可以在文件的层次结构中向下遍历几次。
3. 编写 for 循环，实现每秒倒计时。

图8.10　文本会自动缩放适配整个TextLabel

代码清单 8-6

```
local sign = script.Parent
local textLabel = sign.SurfaceGui.TextLabel

for countDown = 10, 1, -1 do
    print(countDown)
    wait(1.0)
end
```

4. 在循环中，把 TextLabel 的 Text 属性值设为倒计时的当前值。

代码清单 8-7
```
local sign = script.Parent
local textLabel = sign.SurfaceGui.TextLabel

for countDown = 10, 1, -1 do
    textLabel.Text = countDown
    print(countDown)
    wait(1.0)
end
```

5. 测试代码。

提示　加载时间的影响

你可能会注意到，有时倒计时是从中间开始计数的，这是因为在角色和摄像机加载完成之前，脚本就已经开始执行了。你可以使用输出语句来验证倒计时是否正确执行，或者在脚本开始时添加等待时间来延迟倒计时的执行。随着编程经验的增多，你需要更多地考虑加载时间对游戏效果的影响。

8.2　嵌套循环

可以在循环内使用循环，最常见的用法是在 while 循环中放一个 for 循环，这样就可以实现一些短的循环事件，例如烟花表演。

代码清单 8-8
```
while true do
    for countDown = 10, 1, -1 do
        textLabel.Text = countDown
        print(countDown)
        wait(1.0)
    end

    print("Launch the rockets!")
    wait(2.0)
end
```

当执行循环嵌套时，代码从顶行开始向下执行，当执行到新的循环时，把新循环执行到完成，然后继续执行下一行代码。

8.3 打破循环

如果由于某种原因需要退出循环,可以使用关键字 **break**。

代码清单 8-9
```
local goodToGo = true

while wait(1.0) do
    if goodToGo == true then
        print("Keep going")
    else
        break -- 如果 goodToGo 变成 false 就停止循环
    end
end
```

总结

循环在编程中很常用,它可以无限循环执行,也可以只执行一定的次数,这取决于你的需求。while 循环可以一直执行,除非判断条件变为 false,或者使用关键字 break。while 循环常用于昼夜循环之类的事件上,只有在游戏世界销毁时才会结束。

当你希望循环执行到一个特定的值时,最好使用 for 循环,例如制作除夕夜跨年的倒计时。

问答

问 为什么有些人使用 i 作为变量?

答 i 到底代表什么存在一些争议,但普遍认为它代表整数。i 被早期的计算机程序员使用,因为他们需要让代码变得简短。简单来说,i 只是一个常见的控制变量名称,所以你有时会看到下面这样的 for 循环。

代码清单 8-10
```
for i = 1, 10 do
print(i)
end
```

实践

回顾所学知识,完成测验。

测验

1. for 循环会执行到什么时候?
2. 什么是增量?
3. 下面这段代码会循环多少次?

代码清单 8-11

```
for count = 10, 0, 1 do
    print(count)
end
```

4. 判断对错：增量值是可选的。

答案

1. 超过结束值。 2. 值每次变化的量。 3. 0 次，因为起始值 10 大于结束值 0。 4. 对的，如果没有给出增量值，就会使用默认值 1。

练习

很多作品中使用了随着时间逐渐伤害玩家角色的概念，使用这个概念，玩家角色会在一定时间内持续受到伤害，而不是一次性受到所有伤害。常见的例子是碰到毒药后或触碰到火后受到的伤害。

第一个练习，使用之前制作的火模型，对触碰到它的玩家角色造成短时间内的持续烧伤。

提示

- 使用之前制作的火模型。
- 在火模型部件里创建一个名为 HitBox 的部件，并设为透明，把它缩放到刚好能包围住火（见图 8.11）。
- 如果有玩家角色触碰到 HitBox，使用 for 循环对其每秒造成 10 点伤害，持续 3 秒。

图8.11 用一个透明的部件来代表火的边界

第二个练习，思考至少 5 种可以使用 for 循环和 while 循环的事件，暂时不用考虑能否编写代码来实现它，该练习的目的是认识循环，理解在什么情况下可以应用循环。

本书附录中有练习的参考代码。

第 9 章

使用数组

在这一章里你会学习：
- 如何创建和使用数组；
- 如何使用ipairs()遍历数组；
- 如何修改数组。

本章介绍如何同时处理多个对象。学完之后你就可以处理以下事情：给队伍的每个成员发一个闪亮的武器、修改文件夹中的每个元素。你可以使用表来处理这类事情，表可以把多条数据或对象组织成列表，例如玩家列表、配方所需的清单列表。

表的类型有两种，本章介绍第一种：数组。你将学习如何一次性打开文件夹里的多个灯，而不是逐个地打开。

9.1 什么是数组？

数组是按顺序排列的元素的集合，用于保存信息，例如一个排名列表、一个存放有很多部件的文件夹。

数组中的每个元素都有一个特定的编号，称为索引。假设你有一份购物清单，如表 9-1 所示。

表9-1 购物清单

索引	1	2	3
值	Apples	Bananas	Carrots

创建数组与创建其他变量的方法相同，区别是数组有一对大括号，如下所示。

代码清单 9-1
```
local myArray = {}
```

拥有大括号表示这个变量是表数据类型，要把元素添加到数组中，可以在大括号里列出具体的元素，使用逗号分隔。索引号会按照添加元素的顺序自动分配。如下是一个包含 3 个元素的数组示例。

代码清单 9-2
```
local groceryList = {"Apples", "Bananas", "Carrots"}
```

数组可以保存任何数据类型的值，甚至是其他数组。以下示例中的第三个数组包含前两个数组，数组 {"unnamed array"} 分配的索引号是 3。

代码清单 9-3
```
local firstArray = {1, 2, 3}
local secondArray = {"first", "second", "third"}
local thirdArray = {firstArray, secondArray, {"unnamed array "}}
```

9.2 添加对象到数组中

可以使用 table.insert(array, valueToInsert) 语法把元素添加到已创建的数组中，示例如下。

代码清单 9-4
```
local groceryList = {"Apples", "Bananas", "Carrots"}
table.insert(groceryList, "Mangos")

print(groceryList)
```

新元素会被添加到数组的末尾。

9.3 从特定索引获取信息

你可以输出数组索引对应的值来测试数组。要获取特定索引对应的值，可以在数组名称后添加中括号，在中括号里添加索引，例如 arrayName[1]。

代码清单 9-5

```
local groceryList = {"Apples", "Bananas", "Carrots"}
table.insert(groceryList, "Mangos")

print(groceryList[1], groceryList[4], groceryList[5])
```

执行上述代码，索引 1 和索引 4（后来添加的）对应的值都被输出来了，但是未找到索引 5 对应的值，所以返回 nil，如图 9.1 所示。

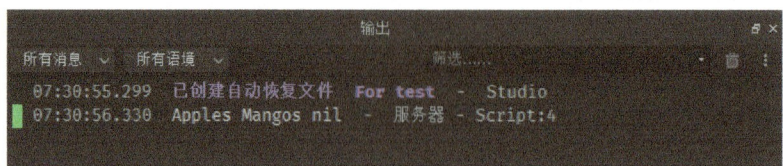

图9.1 输出前两个值，第三个值是nil，因为它不存在

9.4 使用ipairs()输出整个列表

输出整个列表最简单的方法是使用带 ipairs() 函数的 for 循环，语法如下。

代码清单 9-6

```
for index, value in ipairs(arrayName) do
    -- 做某些事情
end
```

- **index**：循环正在处理的当前索引，这个变量可以任意命名，通常使用小写字母 i。
- **value**：当前索引对应的值，这个变量也可以任意命名。
- **in ipairs(arrayName)**：in 是关键字，不能更改；ipairs() 函数的参数为要使用的数组名称。

假设你有一个存储玩家名字的列表，并且想按顺序将玩家名字输出，代码如下。

代码清单 9-7

```
local players = {"Ali", "Ben", "Cammy"}
for playerIndex, playerName in ipairs(players) do
    print(playerIndex .. " is " .. playerName)
end
```

提示 泛型 for 循环

这种使用 ipairs() 函数的 for 循环叫作泛型 for 循环。

9.5 文件夹和ipairs()

使用 ipairs() 可以非常方便地修改文件夹中的所有内容，并且使用 GetChildren() 函数可以获取一个包含文件夹中所有对象的数组。

假设你有一个存储部件的文件夹，你希望文件夹中的每个部件都改变颜色，代码如下。

代码清单 9-8

```lua
local folder = workspace.Folder -- 确认是你要使用的文件夹的名称

local arrayTest = folder:GetChildren() -- GetChildren() 返回一个数组

for index, value in ipairs(arrayTest) do
    if value:IsA("BasePart") then -- 判断它是不是部件
        value.Color = Color3.fromRGB(0, 0, 255)
        print( "Object " .. index .. " is now blue")
    end
end
```

▼ 小练习

打开厨房的所有灯

在这个小练习中，厨房里有许多灯，它们都应该使用同一个开关打开（见图9.2）。通过之前的学习我们知道，如果在每盏灯中都放一个控制脚本，就会使这些灯修改起来很不方便。虽然你可以在每盏灯中添加一个邻近提示，但这样会导致玩家需要一个一个地把所有灯打开。

比较好的方法是把这些灯都移进一个文件夹中，当有玩家打开开关时，使用 for 循环来修改文件夹中的所有灯的状态。

图9.2 厨房的所有灯都由一个开关控制

1. 使用一个部件充当灯，图9.3所示是使用一个小的玻璃圆柱部件作为灯管，在部件中创建SpotLight（聚光灯）。

提示　SpotLight（聚光灯）

　　SpotLight可以像手电筒一样发出锥形光。

图9.3　使用玻璃圆柱部件作为灯管

2. 修改SpotLight的照射方向。在属性窗口中找到Face，在其下拉列表中选择正确的灯光照射方向，本例选择的是Left（左边）（见图9.4）。
3. 选中SpotLight，在属性窗口中调整Brightness（亮度）和Range（范围）属性的值（见图9.5），直到你认为合适为止。

图9.4　使用SpotLight的Face　　　　图9.5　调整Brightness和
　　　属性来控制灯光的照射方向　　　　　　　Range属性的值

4. 复制灯。在图9.6所示的场景中，圆柱灯管被复制到厨房天花板的轨道筒灯中。你也可以使用不同的灯模型。
5. 创建一个文件夹并命名为Lights，把所有灯移到文件夹中（见图9.7）。

9.5 文件夹和 ipairs()

图9.6 复制灯管到厨房天花板的轨道筒灯中

图9.7 把所有灯移到Lights文件夹中

开关灯

编写脚本来遍历 Lights 文件夹中的每个对象，检查对象是否具有 SpotLight，如果找到 SpotLight，就打开或关闭它。

1. 在 ServerScriptService 中创建一个脚本。
2. 创建一个变量来引用 Lights 文件夹。
3. 创建第二个变量来获取文件夹里所有对象的数组。

代码清单 9-9

```
local lightsFolder = workspace.Lights
local lights = lightsFolder:GetChildren()
```

4. 使用 for 循环，并向 ipairs() 函数传入数组。

代码清单 9-10

```
local lightsFolder = workspace.Lights
local lights = LightsFolder:GetChildren()

for index, lightBulb in ipairs(lights) do

end
```

5. 在 for 循环中使用 FindFirstChildWhichIsA() 查找灯里的 SpotLight。

代码清单 9-11

```
local lightsFolder = workspace.Lights
local lights = LightsFolder:GetChildren()

for index, lightBulb in ipairs(lights) do
    local spotLight = lightBulb:FindFirstChildWhichIsA("SpotLight")

end
```

6. 按照以下 3 种情况控制灯。

   a. 如果找到 SpotLight，并且灯关闭着，就打开它。

提示   **让灯看起来有发光效果**

如果你使用部件作为灯，还可以把部件的材质改为 Neon（霓虹），使它看起来有发光效果。

---

   b. 如果找到 SpotLight，并且灯开着，就关闭它。
   c. 如果没有找到 SpotLight，就输出"Not a light"。

在查看以下代码之前，你可以自己先尝试编写。

代码清单 9-12

```
local lightsFolder = workspace.Lights
local lights = LightsFolder:GetChildren()

for index, lightBulb in ipairs(lights) do
    local spotLight = lightBulb:FindFirstChildWhichIsA("SpotLight")

    if spotLight and not spotLight.Enabled then
        spotLight.Enabled = true
        lightBulb.Material = Enum.Material.Neon -- 让它看起来有发光效果

    elseif spotLight and spotLight.Enabled then
        lightBulb.Material = Enum.Material.Glass
        spotLight.Enabled = false

    else
        print ("Not a light")
    end
end
```

把灯部件移进 Lights 文件夹里，打开一些灯，关闭另一些灯来测试代码。如果代码按预期工作，就把代码放到一个函数中，在玩家单击邻近提示时执行它。

9.6 在列表中查找值并输出相应索引

假设有一群顾客在排队候餐，其中一个顾客走上前来问他的排队号码，你知道顾客的姓名，但不知道他的排队号码。在这种情况下，排队列表就是一个数组，你可以使用 ipairs() 查找顾客的姓名从而找到他的排队号码。

9.7 从数组中删除值

代码清单 9-13

```lua
local waitingList = {"Anna", "Bruce", "Casey"}

-- 找出 Casey 的排队号码

for placeInLine, customer in ipairs(waitingList) do
    if customer == "Casey" then
        print(customer .. " is " .. placeInLine)
    end
end
```

9.7 从数组中删除值

删除数组里的一个值，例如玩家已经使用了某个物品，或者玩家列表中的某个玩家离开了游戏，可以使用 table.remove(arrayName, index) 将相应内容删除。这个函数会删除特定索引对应的值，如果不使用第二个参数，这个函数会删除表的最后一个值。

代码清单 9-14

```lua
local playerInventory = {}
table.insert(playerInventory, "Health Pack")
table.insert(playerInventory, "Stamina Booster")
table.insert(playerInventory, "Cell Key")

table.remove(playerInventory)    -- 没有索引，会删除表里的最后一个值
table.remove(playerInventory, 2) -- 会删除表里的第二个值
```

table.remove() 的第二个参数只能是数字，如果输入字符串，如 table.remove(playerItems, "Health Pack")，就会发生错误，你可以输出删除后的数组来确认是否可以得到预期的结果。

从数组中删除一个值后，后面的值会上移填补，你可以输出删除前和删除后的数组来验证这一点。如果不想多次编写输出数组的代码，可以把输出数组的代码编写成一个函数，以便随时调用。

代码清单 9-15

```lua
local function printArray(arrayToPrint)
    for index, value in ipairs(arrayToPrint) do
        print("Index " .. index .. " is " .. value)
    end
end

local playerInventory = {"Health Pack", "Stamina Booster", "Cell Key"}
```

```
printArray(playerInventory)
table.remove(playerInventory, 2) -- 会删除数组里的第二个值
printArray(playerInventory)
```

上述代码的执行结果如图 9.8 所示，可以看到原本索引 2 对应的值是 Stamina Booster，删除这个值后，索引 2 对应的值就变成了 Cell Key。

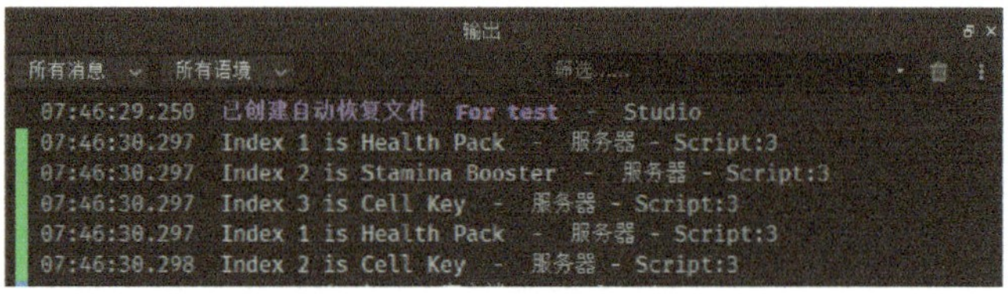

图9.8　删除索引2对应的值前后的输出结果

9.8　数字for循环和数组

使用 ipairs() 的 for 循环称为泛型 for 循环；第 8 章中介绍的 for 循环称为数字 for 循环。注意区分这两者，数字 for 循环使用数字来控制循环的开始和结束。

数字 for 循环常与数组一起使用，示例如下。

9.8.1　使用for循环查找和删除所有值

前面的代码只删除一个值，以下这段代码会从数组中找到并删除所有匹配的值。

请记住，删除数组里的值会导致后面的值的索引发生变化，所以不要从数组的头部开始删除，应从数组的末尾开始删除，避免索引变化导致漏删。从最后一个值开始删除，不会改变前面的值的索引。

可以使用 #arrayName 获取数组的长度，并把它作为起始的索引号。

代码清单 9-16

```lua
local playerInventory = {"Gold Coin", "Health Pack", "Stamina Booster",
"Cell Key", "Gold Coin", "Gold Coin"}

for index = #playerInventory, 1, -1 do
    if playerInventory[index] == "Gold Coin" then
        table.remove(playerInventory, index)
    end
end

print(playerInventory)
```

9.8.2 只搜索数组的一部分

另一种使用数字 for 循环和数组的情况是，你只想遍历数组的某一部分。假设在太空竞赛中，找到前 3 艘飞船的名称就可以冲过终点。

代码清单 9-17

```
local shipsRaced = {"A Bucket of Bolts", "Blue Moon", "Cats In Space",
"DarkAvenger12"}

local fastestThree = {}

for index = 1, 3 do
    table.insert(fastestThree, shipsRaced[index])
end

print(fastestThree)
```

上面的代码把 shipsRaced 的前 3 个值添加到 fastestThree 数组中。

总结

数组是表的一种，可以用于组织游戏中的事物。你可以使用数组列出游戏中的所有玩家，并为每个玩家分配一个装扮物品或一件武器，还可以使用数组获取文件夹中的所有对象的列表，并对它们进行修改。

当你把事物放在一个数组里后，就可以使用 for 循环来遍历数组，从而做你想做的事情。你可以输出数组中所有事物的名称，也可以修改数组中每个对象的颜色，或者实现更复杂的操作。有两种 for 循环可以与数组一起使用。第一种是数字 for 循环，当你只想修改数组的某一部分，或者数组非常大时，可以使用数字 for 循环。第二种是泛型 for 循环，泛型 for 循环可以使用 ipairs() 按顺序遍历整个数组。

问答

问　通常，使用数字 for 循环的原因是什么？
答　如果数组非常长，使用数字 for 循环可以执行得稍微快一点。例如数组里有成百上千个部件，此时最好使用数字 for 循环。

实践

回顾所学知识，完成测验。

测验

1. 数组是_____的一种。
2. 数组中某项的编号是_____号。
3. 在 Lua 中，索引从数字_____开始。
4. GetChildren() 函数的返回值是一个_____。
5. ipairs() 用于泛型 for 循环还是数字 for 循环?

答案

1. 表。　2. 索引。　3. 1。　4. 数组。　5. 泛型 for 循环。

练习

开发者让作品更贴近现实世界的一种方法是，随着季节的变化更新资源。试着把图 9.9 所示的松树从夏天的绿色变成冬天的白色。

图9.9　绿色的松树

提示

- 这个松树模型在工具箱中很容易找到（见图 9.10）。如果你没有找到它，可以搜索 tree。本练习选择这个模型是因为它是一个由几个部件组成的优秀模型，不用替换纹理，也不用担心其内部有额外的脚本。
- 假设游戏中有一片森林。
- 需要不止一个循环。

图9.10　工具箱中的松树模型

你可以在本书末尾的附录中找到参考代码。

第 10 章

使用字典

在这一章里你会学习:
- 如何创建字典;
- 如何使用pairs()遍历字典;
- 如何从表中返回值;
- 设计和测试多人游戏的代码;
- 制作投票模拟器。

第二种表类型是字典,字典也是信息的集合,但不使用数字作为索引,而是使用其他数据类型的值来标记每一项信息。这一章将介绍如何创建字典、添加和删除字典的值、使用 pairs() 遍历字典。

这一章你将使用字典制作投票模拟器来记录谁的票数最多,得票最多的人会被踢出小岛。这个练习需要使用数组和字典来记录参与投票的玩家和他们的得票数。

10.1 字典简介

字典使用键来标记值,而不是索引号。键可以是玩家的 ID、玩家的 Health(生命值)和 Stamina(耐力)等属性,或者其他数据。表 10-1 所示是记录玩家姓名和得分的字典的表现形式。

表10-1 在线玩家的字典

玩家的名字作为键	Agatha	Billie	Mary Sue
得分作为值	1000	150	1200

代码中表 10-1 所示字典的格式可能如下所示。

代码清单 10-1
```
local activePlayer = {
    Agatha = 1000,
    Billie = 150,
    ["Mary Sue"] = 1200,
}
```

当你需要标记值,而不仅是像数组那样按特定顺序存储值时,可以使用字典。

10.1.1 创建字典

与数组一样,字典也是用大括号 {} 来创建的。

创建字典时,通常大括号的两端位于不同的两行,以便区分字典和数组,如下所示。

代码清单 10-2
```
local newDictionary = {
}
```

一行一个键值对,并且后面跟着逗号。键和值可以是任意数据类型,包括字符串、数字、实例和其他表。以下字典使用字符串作为键。

代码清单 10-3
```
local inventory = {
    Batteries = 4,
    ["Ammo Packs"] = 1,
    ["Emergency Rations"] = 0,
}
```

10.1.2 键的格式

键的格式由它的数据类型决定,例如字符串、实例。当使用字符串作为键时,如果字符串中没有空格,就不需要放在中括号中;如果字符串中有空格,就需要使用双引号和中括号。

代码清单 10-4
```
local seedInventory = {
    -- 没有空格的字符串作为键
    Wheat = 1,
```

```
    Rice = 4,
    -- 有空格的字符串作为键
    ["Sweet Potatoes"] = 3,
}
```

如果键是一个实例，例如游戏中的部件或玩家，就需要使用中括号将其括起来。在以下示例中，用字典来记录开门所需的基石是否已经被激活，基石的部件作为键，值是布尔类型。

代码清单 10-5
```
local eastStone = workspace.EastStone
local westStone = workspace.WestStone
local northStone = workspace.NorthStone
local southStone = workspace.SouthStone

-- 每个基石都是一个部件实例，所以使用中括号将其括起来
local requiredPortalStones = {
    [eastStone] = true,
    [westStone] = true,
    [northStone] = true,
    [southStone] = false,
}
```

字典用于记录角色或对象的信息时，键不需要使用中括号，也不需要使用双引号，例如名称和等级等属性。

以下示例使用字典来记录角色的名称和等级。

代码清单 10-6
```
local hero = {
    Name = "Maria",
    Level = 1000,
}
```

> **注意　不要混合使用键和索引**
> 创建表后，可以只使用键值对或者只使用索引，切勿在同一个表中同时使用二者。在同一个表中同时使用键值对和索引会引发错误。

10.1.3　使用字典的值

要使用字典中的值，先输入字典的名称，然后输入中括号和键，就像使用数组那样，例如 dictionaryName[key]。如果键是字符串类型，也可以使用点表示法。

代码清单 10-7

```lua
local hero = {
    Name = "Maria",
    Level = 1000,
}
-- Name 是一个字符串,可以用中括号来使用它的值
print ( "The hero's name is " .. hero["Name"] )
-- 也可以使用点表示法来使用它的值
print ( "The hero's nam e is " .. hero.Name )
```

提示　点表示法只可用于字符串类型的键
点表示法只能用于字符串类型的键,后文会很常见。

10.1.4　使用唯一的键

字典需要使用唯一的键,但在 Lua 中重用相同的键是不会报错的,在以下示例中,键 Name 的第一个值会被覆盖,输出的是键 Name 的第二个值。

代码清单 10-8

```lua
local hero = {
    Name = "Maria",
    Level = 1000,
    Name = "Aya",
}
-- 会输出 Aya,因为 Name 的第一个值被覆盖了
print ( "The hero's name is " .. hero.Name )
```

10.2　添加键值对

把键值对添加到已有的字典中,格式如下。

代码清单 10-9

```
dictionaryName[key] = value
```

如果键是字符串类型,格式如下。

代码清单 10-10

```
dictionaryName.String = value
```

当玩家加入游戏时,将其添加到字典中,并且从 0 分开始,代码如下。

代码清单 10-11

```
playerPoints.Points = 0
```

注意，如前面所述，如果键已经存在，就会覆盖其现有的值。

10.3 删除键值对

要从字典中删除键值对，把键对应的值设为 nil 即可，范例如下。

代码清单 10-12

```
local lightBulb = model.SpotLight

local flashLight = {
    Brightness = 6,
    [lightBulb] = "Enabled",
}

-- 删除字符串类型的键
flashLight.Brightness = nil

-- 删除其他键
flashLight[lightBulb] = nil
```

如果你试图从字典中获取一个值，但返回的是 nil，表示该值在字典中不存在。

▼ 小练习

把新玩家添加到字典中

在这个小练习中，当玩家加入游戏时，把玩家的名字添加到字典中，然后为其分配队伍。如果键值对之前未添加过，它会被添加到字典中。

1. 在 ServerScriptService 中创建一个脚本。
2. 获取 Players 服务，创建一个空的字典。

代码清单 10-13

```
Players = game:GetService("Players")
-- 空的字典
local teams= {
}
```

3. 编写一个函数来分配队伍，函数包含一个新玩家的参数，把函数连接到 Players.PlayerAdded 事件。

代码清单 10-14

```
Players = game:GetService("Players")
local teams= {
}
-- 把玩家分配到红队
local function assignTeam(newPlayer)
end
Players.PlayerAdded:Connect(assignTeam)
```

4. 在函数中创建一个变量来获取玩家的名字。

代码清单 10-15

```
-- 把玩家分配到红队
local function assignTeam(newPlayer)
    local name = newPlayer.Name
end
Players.PlayerAdded:Connect(assignTeam)
```

5. 将玩家名字作为键，值为 Red，添加到字典 Teams 中。

代码清单 10-16

```
-- 把玩家分配到红队
local function assignTeam(newPlayer)
    local name = newPlayer.Name
    Teams[name] = "Red"
end
Players.PlayerAdded:Connect(assignTeam)
```

6. 使用 name 输出玩家的名字，使用 Teams[name] 输出键的值。

代码清单 10-17

```
Players = game:GetService("Players")
local teams = {
}
-- 把玩家分配到红队
local function assignTeam(newPlayer)
    local name = newPlayer.Name
    Teams[name] = "Red"
    print( name .. " is on " .. Teams[name] .. " team. ")
end
Players.PlayerAdded:Connect(assignTeam)
```

10.4 使用字典和键值对

pairs() 可用于遍历字典的键和值。在下面的 for 循环中，第一个变量是键，第二个变量是值。将字典传入 pairs() 函数。

代码清单 10-18

```lua
local inventory = {
    ["Gold Bricks"] = 43,
    Carrots = 3,
    Torches = 2,
}

print("You have:")
for itemName, itemValue in pairs (inventory) do
    print(itemValue, itemName)
end
```

提示　使用逗号而不是点

如果要输出两个变量，应使用逗号进行分隔，而不是两个点。

10.5 从字典中返回查找到的内容

通常，数组使用 ipairs() 遍历元素，字典则使用 pairs() 遍历元素，搜索键值对的一边，即键或值，找到后返回另一边。以下代码用于在名字字典中查找值为 Spy 的名字。

代码清单 10-19

```lua
local friendOrSpy = {
    Angel = "Friend",
    Beth = "Spy",
    Cai = "Friend",
    Danny = "Friend",
}
-- 搜索字典来查找 Spy
local function findTheSpy(dictionaryName)
    for name, loyalty in pairs(dictionaryName) do
        if loyalty == "Spy" then
            return name
        end
```

```
    end
end

local spyName = findTheSpy(friendOrSpy)

print("The spy is " .. spyName)
```

> ▼ 小练习
>
> **投票决定谁要离开小岛!**
>
> 在这个小练习中,假设玩家在岛上,需要投票决定谁要离开小岛。步骤是先获取每个玩家的名字,然后设置一种投票方式,每个玩家都可以投票决定谁应该被踢出小岛。
>
> 编写此脚本前,应先思考需要解决的问题。当要编写比较长的脚本时,列出需要处理的事项会很有帮助。
>
> 以下是一些需要解决的问题。
>
> ▶ 投票前,需要有足够的时间让所有玩家加入。
> ▶ 每个玩家的名字都需要显示出来,并可以让玩家互动来投票。
> ▶ 需要记录每个玩家的得票数。
> ▶ 需要在投票结束时显示结果。
>
> 可能还有其他要解决的问题,但就目前来说这些已经足够了。
>
> 解决第一个问题,可以让玩家准备好后,单击按钮才开始投票。解决第二个问题,当投票开始后,就会出现一组代表每个玩家的按钮(见图10.1)。
>
>
>
> 图10.1　一个用于开始投票的按钮和一组代表岛上每个玩家的按钮
>
> 在本示例中,邻近提示对象的命名很重要,不同命名的提示用于做不同的事情。
>
> 1. 创建一个部件作为开始投票按钮。
>   a. 在部件中创建一个邻近提示对象,并命名为 StartVote。
>   b. 把 StartVote 的 HoldDuration 属性值设为 1。

2. 创建一个部件作为显示玩家名字的按钮。
   a. 在部件里创建一个邻近提示对象，命名为 AddVote。
   b. 把 AddVote 的 HoldDuration 属性值设为 0.5。
   c. 制作完成后，把 AddVote 对应的按钮移到 ServerStorage 里（见图 10.2），这样可以对其进行复制。不要移动 StartVote 对应的按钮，StartVote 对应的按钮需要放在玩家可以看到的地方。

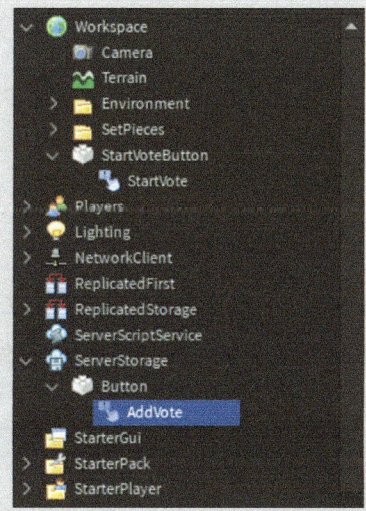

图10.2　StartVote对应的按钮保留在Workspace中，AddVote对应的按钮移到ServerStorage中

编写脚本

本练习会用到多个表，包括数组和字典。新进入的玩家会被添加到名为 activePlayers 的数组中。投票开始后，得票的玩家的名字和他们的得票数会一起被添加到字典中。

编写按钮脚本

还记得前面提到的需要解决的问题吗？当你编写比较长的脚本时，最好把脚本分成几个部分，其中包含解决单个问题的函数。首先获取所有玩家的名字，并为每个玩家创建按钮。

1. 在 ServerScriptService 中创建一个脚本。
2. 创建以下变量。
   a. ServerStorage。
   b. ProximityPromptService。
   c. PlayersService。
   d. 玩家的投票时间 VOTING_DURATION。

e. 保存所有在线玩家的数组 activePlayers。

f. 保存投票数的字典 votes。

代码清单 10-20
```lua
local ServerStorage = game:GetService("ServerStorage")
local ProximityPromptService = game:GetService("ProximityPromptService")
local PlayersService = game:GetService("Players")

local VOTING_DURATION = 30

local activePlayers = {}
local votes = {

}
```

3. 把代码分解为更小的模块。创建一个函数，当玩家加入游戏时，把他的名字添加到 activePlayers 数组中，并使用 PlayerAdded 事件连接函数。

代码清单 10-21
```lua
local function onPlayerAdded(player)
    table.insert(activePlayers, player)
end

PlayersService.PlayerAdded:Connect(onPlayerAdded)
```

4. 创建一个函数，为 activePlayers 数组中的每个玩家创建一个按钮，当玩家单击开始游戏按钮时调用此函数。

代码清单 10-22
```lua
local function onPlayerAdded(player)
    table.insert(activePlayers, player)
end

local function makeButtons()
    for index, player in pairs(activePlayers) do
        -- 把以下代码的 Button 修改为你自定义的按钮名称
        local newBooth = ServerStorage.Button:Clone()
        
        newBooth.Parent = workspace
```

10.5 从字典中返回查找到的内容

```
        end
end
PlayersService.PlayerAdded:Connect(onPlayerAdded)
```

5. 找到按钮内的邻近提示对象,把它的ActionText属性值设为玩家的名字。

代码清单 10-23
```
local function makeButtons()
    for index, player in pairs(activePlayers) do
        local newBooth = ServerStorage.VotingBooth:Clone()

        local proximityPrompt =
            newBooth:FindFirstChildWhichIsA("ProximityPrompt")
        local playerName = player.Name
        proximityPrompt.ActionText = playerName

        newBooth.Parent = workspace
    end
end
```

6. 添加以下突出显示的代码来把按钮分开。你将在第14章"3D世界空间编程"中学习移动对象的相关知识。

代码清单 10-24
```
local function makeButtons()
    local position = Vector3.new(0,1,0)
    local DISTANCE_APART = Vector3.new(0,0,5)

    for index, player in pairs(activePlayers) do
        local newBooth = ServerStorage.Button:Clone()

        local proximityPrompt =
            newBooth:FindFirstChildWhichIsA("ProximityPrompt")
        local playerName = player.Name
        proximityPrompt.ActionText = playerName

        position = position + DISTANCE_APART
        newBooth.Position = position

        newBooth.Parent = workspace
    end
end
```

第 10 章 使用字典

7. 创建第三个函数，并将其连接到 PromptTriggered 事件。在此函数里，当邻近提示是 StartVote 时，调用 makeButtons()。

代码清单 10-25
```
local function makeButtons()
    -- 此处代码省略
end

local function onPromptTriggered(prompt, player)
    if prompt.Name == "StartVote" then
        makeButtons()
    end
end

PlayersService.PlayerAdded:Connect(onPlayerAdded)
ProximityPromptService.PromptTriggered:Connect(onPromptTriggered)
```

> **提示** 尽可能把事件连接函数的代码放在一起
> 所有的事件连接函数的代码都应该放在脚本的底部，这样代码会更有条理。

多人测试

当测试多个玩家共同参与的代码时，需要使用网络模拟器，而不仅仅是"开始游戏"和"在这里开始游戏"（测试中的两个可选模式按钮）。网络模拟器可以根据需要设置多个假玩家，然后你可以控制它们来测试游戏。

1. 在"测试"选项卡中找到"客户端和服务器"。
2. 从其中的第二个下拉列表中选择玩家人数，如图 10.3 所示。

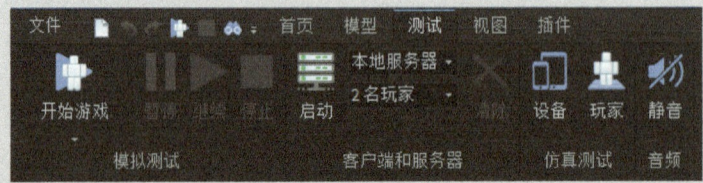

图 10.3 选择玩家人数

3. 单击"启动"，会打开一个新的罗布乐思 Studio 窗口，代表服务器，并会为每个假玩家打开一个附加窗口。玩家窗口用蓝色轮廓标识（见图 10.4），而服务器窗口用绿色轮廓标识。

4. 在玩家窗口中，可以控制假玩家角色。测试时，所有错误和输出的信息都会显示在服务器的输出窗口中。

5. 控制假玩家角色触碰 Start Vote 处的按钮，确保可以为每个测试玩家生成一个按钮。

图10.4　蓝色轮廓表示这是玩家窗口

提示　对象的位置
　　当使用代码复制按钮到 Workspace 时，按钮会默认显示在作品世界中心的上方（坐标是(0,0,0)）。在本书的后面部分，你将学习添加对象到 Workspace 时如何控制对象的位置。

6. 单击"清除"可以停止测试（见图10.5）。

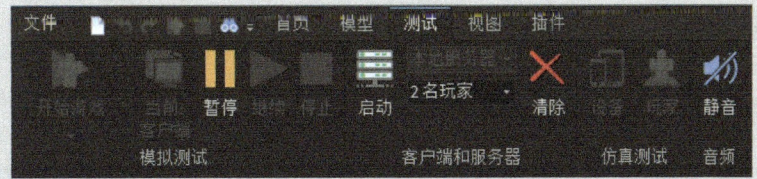

图10.5　单击"清除"可以关闭测试的罗布乐思Studio窗口

添加票数和计算票数

投票按钮制作好后，需要记录玩家的得票数，并在投票完成时显示结果。在本示例中，设定了玩家投票的时间，在时间结束后显示结果。

1. 在onPromptTriggered()的上方创建一个名为showVotes()的函数，用于输出投票字典中的所有值。

代码清单 10-26

```lua
local function showVotes()
    for playerName, value in pairs(votes) do
        print(playerName .. " has " .. value .. " votes.")
    end
end
```

2. 投票开始后，在onPromptTriggered()中开始倒计时，倒计时结束后调用showVotes()。

代码清单 10-27

```lua
local function onPromptTriggered(prompt, player)
    if prompt.Name == "StartVote" then
        makeButtons()

        for countdown = VOTING_DURATION, 0, -1 do
            print(countdown .. " seconds left")
            wait(1.0)
        end

        showVotes()
    end
end
```

提示　更好地组织代码

你可以把倒计时部分的代码独立成一个函数，这样在其他地方也可以调用它。

3. 在onPromptTriggered()中添加第二个判断条件，用于监听AddVote的触发。

代码清单 10-28

```lua
local function onPromptTriggered(prompt, player)
    if prompt.Name == "StartVote" then
        makeButtons()
        -- 倒计时代码
        showVotes()
```

```
    elseif prompt.Name == "AddVote" then

    end
end
```

4. 从 ActionText 中获取被投票的玩家的名字,玩家的名字也被标记在按钮上。

代码清单 10-29
```
local function onPromptTriggered(prompt, player)
    if prompt.Name == "StartVote" then
        makeButtons()
        -- 倒计时代码
        showVotes()
    elseif prompt.Name == "AddVote" then
        local chosenPlayer = prompt.ActionText
    end
end
```

5. 如果 votes 字典的键中没有这个名字,就把玩家的名字作为键,将值设为 1,添加到字典中;如果名字在字典的键中存在,就把其当前值加 1。

代码清单 10-30
```
local function onPromptTriggered(prompt, player)
    if prompt.Name == "StartVote" then
        makeButtons()

        for countdown = VOTING_DURATION, 0, -1 do
            print(countdown .. " seconds left")
            wait(1.0)
        end

        showVotes()

    elseif prompt.Name == "AddVote" then
        local chosenPlayer = prompt.ActionText
        print("A vote for " .. chosenPlayer)

        if not votes[chosenPlayer] then
            votes[chosenPlayer] = 1
        else
            votes[chosenPlayer] = votes[chosenPlayer] + 1
        end
```

```
        -- 此 else 判断是可选的，仅用于测试
    else
        print("Prompt not found")
    end
end
```

提示　当所有判断条件都失败了

包含输出语句的 else 可用于测试，如果没有条件判断为真，就会执行最终的 else 语句，这对于确保函数按预期执行很有帮助。

6. 使用至少有两个玩家的网络模拟器来测试代码，并在服务器的输出窗口中查看结果。

总结

所有罗布乐思作品都使用表来记录信息。数组通常用于存储对象列表，存储的信息是有序的；字典通常用于存储对象和属性等信息，与数组不同的是，字典中的信息是没有特定顺序的。

遍历字典需要使用 pairs()，而不是 ipairs()。这两个函数非常相似，但 ipairs() 只能用于数组。

问答

问　pairs() 在技术上可以处理数组，那么为什么不在数组和字典中都只用 pairs() 呢？
答　使用数组的优点是可以按顺序存储信息。pairs() 不能保证按顺序返回对象，而 ipairs() 可以。
问　如果 pairs() 在技术上可以处理数组，为什么 ipairs() 不能处理字典？
答　ipairs() 需要索引才能正常执行，但字典中没有索引；而 pairs() 接受任意数据类型作为键，包括索引。

实践

回顾所学知识，完成测验。

测验

1. 字典不使用索引，而是使用_____。
2. 判断对错：字典以特定顺序存储信息。
3. 要遍历字典，可以使用_____函数。

4. 如果一个实例被用作键，是否需要使用中括号或双引号？
5. 要从字典中删除键值对，可以把值设置为_____。
6. 为什么函数 showVotes() 需要位于 onPromptTriggered() 前面？

答案

1. 键。 2. 错的，虽然字典有时会按存储顺序返回值，但并不保证每次都会。 3. pairs()。 4. 如果一个实例被用作键，只需要使用中括号。 5. nil。 6. 由于代码是从上到下读取的，所以需要先创建函数 showVotes()，然后才能在 onPromptTriggered() 中调用它。

练习

在本章前面的范例中，一个玩家加入游戏后被分配到红队。本练习要求交替地把玩家分配到红队和蓝队，然后输出每个队伍的成员。

提示

- 使用网络模拟器进行测试。
- 实例不能与字符串连接，但实例的名称可以。

第 11 章

客户端与服务器

在这一章里你会学习：
- 如何区分服务器和客户端；
- 如何编写服务器返回信息；
- 如何使用GUI向特定的玩家显示信息；
- 如何测试代码；
- 如何使用远程函数在服务器和客户端之间进行双向通信。

每个罗布乐思作品都有两端，一端是玩家与作品互动的设备，另一端是云端，控制作品世界的事物。本章介绍这两端如何协同工作，它们之间如何发送信息。在本章的末尾，你会学习制作一个商店，玩家可以在商店里单击按钮购买柴火，这会在第 9 章的练习的基础上进行。

11.1 了解客户端和服务器

玩家用来与游戏世界互动的一端叫客户端，客户端是玩家进入游戏的设备，例如台式计算机、手机、平板电脑和 VR 设备。

作品的某些事情是在客户端设备上进行处理的，其他事情是由强大的罗布乐思服务器来处理的。服务器和客户端是一直互相通信的，服务器告诉客户端整个作品世界是什么样的，客户端告诉服务器玩家在这个世界中正在做什么。

通常服务器用于处理得分、游戏内货币和等级等重要信息。服务器比客户端更安全，更难入侵。客户端仅适用于处理使用设备的特定玩家的事情，或者在特殊情况下希望减少延迟的内容显示,例如显示玩家自己的得分,或控制摄像机。

11.2 使用 GUI

到目前为止,我们使用脚本编写的都是服务器代码,对于服务器代码控制的事物,每个玩家看到的都是一样的。接下来我们将编写代码向每个玩家显示只有他们自己才能看到的信息,例如他们当前的分数、任务进度、生命值以及有多少钱。这类信息使用 GUI 显示,如图 11.1 左侧所示。

图11.1 使用GUI显示玩家角色的相关信息

图 11.1 所示的使用 Red Manta Studio 开发的《世界 // 零》的欢迎界面使用 GUI 显示玩家角色的等级和当前位置,其他的 GUI 元素是自定义按钮、删除按钮和一个大的、绿色的开始游戏按钮。

你还可以使用 GUI 制作屏幕上的按钮、制作商店等。

只能在客户端看到的 GUI 应该放在 StarterGui 中,并且对应的代码要编写在 LocalScript 中,而不是 Script 中。当玩家进入游戏后,StarterGui 中的内容会显示给玩家。

▼ 小练习

用玩家的名字创建一个 GUI

为了展示每个玩家特定的信息,本练习将创建一个带有玩家姓名的 GUI。

1. 在项目管理器中选中 StarterGui。
2. 创建一个 ScreenGui 对象(见图 11.2),ScreenGui 是要创建的按钮和标签的容器。
3. 在 ScreenGui 里创建一个 TextLabel,并重命名为 PlayerName,如图 11.3 所示。

第 11 章 客户端与服务器

图11.2 在StarterGui中创建 ScreenGui对象

图11.3 在ScreenGui中创建一个TextLabel，并重命名为PlayerName

> **提示 自定义 GUI**
>
> 如果想了解如何修改 ScreenGui 的外观和位置，可以查看系列图书《罗布乐思开发官方指南：从入门到实践》，或在罗布乐思开发者官方网站上查找 ScreenGui 的介绍。

脚本

本例需要使用 LocalScript，而不是 Script，Script 是用于编写服务器代码的。

1. 选中 ScreenGui，创建一个 LocalScript（见图 11.4）。

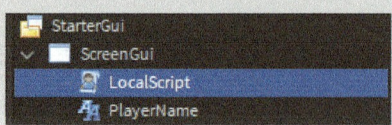

图11.4 LocalScript用于编写客户端的代码

> **提示 GUI 脚本的放置**
>
> GUI 脚本需要放置在 StarterGui 中，ServerScriptService 是用于放置服务器脚本的。

2. 在 LocalScript 中为 Players 服务和 ScreenGui 创建变量。
3. 为 TextLabel 创建变量。

代码清单 11-1

```
local Players = game:GetService("Players")

local screenGui = script.Parent
local textLabel = screenGui.PlayerName
```

4. 获取本地玩家，可以在 LocalScript 中通过 Players.LocalPlayer 轻松获取。

代码清单 11-2
```
local Players = game:GetService("Players")

local screenGui = script.Parent
local textLabel = screenGui.PlayerName
local localPlayer = Players.LocalPlayer
```

5. 把 TextLabel 的 Text 属性值设为本地玩家的名字。

代码清单 11-3
```
local Players = game:GetService("Players")

local screenGui = script.Parent
local textLabel = screenGui.PlayerName
local localPlayer = Players.LocalPlayer

textLabel.Text = localPlayer.Name
```

6. 使用网络模拟器测试代码，你会看到每个客户端的屏幕上都会显示对应玩家的名字。

11.3 了解RemoteFunction

服务器和客户端对同一个东西的访问权限是不一样的，客户端不能访问某些服务器可访问的文件夹，反之，服务器对某些客户端可访问的文件夹也没有访问权限。部分示例如表 11-1 所示。

表11-1 访问权限

对象	服务器	客户端
Workspace	可以	可以
ServerScriptService	可以	不可以
ServerStorage	可以	不可以
ReplicatedStorage	可以	可以

服务器和客户端也不直接共享信息，可以视作服务器与客户端之间存在分界线，这就像在两个环境之间有一堵墙，把它们分开了。

为了从另一端获取信息，需要使用特殊的对象。Script 和 LocalScript 通过 RemoteEvent（远程事件）和 RemoteFunction（远程函数）来相互通信。本章介绍 RemoteFunction，下一章将介绍 RemoteEvent。

11.4 使用RemoteFunction

RemoteFunction 用于跨服务器—客户端发送请求。

RemoteFunction 的特别之处在于它会等待另一端的响应，充当客户端和服务器之间的信使。请求通常从客户端发起，要求服务器做某事，然后服务器把结果返回给客户端。

RemoteFunction 必须创建在客户端和服务器都可以访问的地方，例如 ReplicatedStorage（见图 11.5）。

同时，需要在 ServerScriptService 中有一个服务器的脚本，在 StarterPlayerScripts 中有一个客户端的脚本，如图 11.6 所示。

图11.5　RemoteFunction创建在ReplicatedStorage中

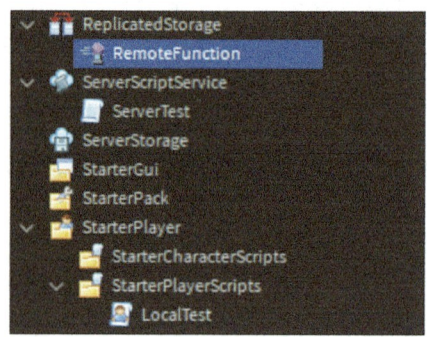

图11.6　StarterPlayerScripts中的客户端脚本和ServerScriptService中的服务器脚本

从服务器获取信息，并在客户端输出。在服务器端编写一个返回简单字符串的函数，并把函数绑定到 RemoteFunction 对象，如下高亮代码所示。

代码清单 11-4

```
local ReplicatedStorage = game:GetService("ReplicatedStorage")
local remoteFunction = ReplicatedStorage:WaitForChild("RemoteFunction")

local function sayHello()
    local serverMessage = "Hello from the server"
    return serverMessage
end

remoteFunction.OnServerInvoke = sayHello
```

11.4 使用 RemoteFunction

RemoteFunction一次只能绑定一个函数。客户端间接调用服务器代码的范例如下。

代码清单 11-5
```
local ReplicatedStorage = game:GetService("ReplicatedStorage")
local remoteFunction = ReplicatedStorage:WaitForChild("RemoteFunction")

local messageFromServer = remoteFunction:InvokeServer()

print(messageFromServer)
```

此外,从服务器到客户端,再返回到服务器也是可行的,但这具有很大的风险,所以不会在本书中进行介绍,具体风险如下。

- 如果客户端出现错误,也会导致服务器出现错误。
- 如果客户端在调用时断开连接,调用 InvokeClient() 时就会出错。
- 如果客户端不返回值,服务器就会一直处于挂起状态。

▼ 小练习

制作一个商店

某些情况下,客户端需要服务器检验信息,等待服务器的处理结果。一个典型的例子是玩家购买东西,用户在客户端单击按钮购买东西,然后服务器检查客户端的用户是否真的有足够的钱,再确认购买。

你可以使用之前的排行榜系统的范例,将其修改为让玩家可以花费金币购买木柴来生火(见图11.7)。

图11.7 玩家可以购买木柴来生火

为了节省时间,可以使用之前的带木柴和火的排行榜系统。也可以使用附录第11章部分的代码快速实现。

1. 为了方便测试,在 ServerScriptService 和 PlayerStats 中把玩家的起始金币数量设为 10。

代码清单 11-6

```
local gold = Instance.new("IntValue")
gold.Name = "Gold"
gold.Value = 10
gold.Parent = leaderstats
```

2. 在 ReplicatedStorage 中创建一个名为 CheckPurchase 的 RemoteFunction（见图 11.8）。

图11.8　创建一个名为CheckPurchase的RemoteFunction

3. 在 ServerStorage 中创建一个名为 ShopItems 的文件夹（见图 11.9）。

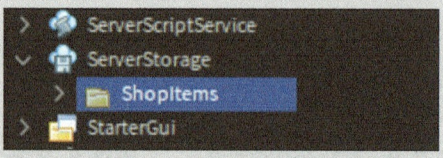

图11.9　创建一个名为ShopItems的文件夹

4. 在 ShopItems 中创建一个名为 3Logs 的文件夹，并在文件夹中添加图 11.10 右侧所示的 3 个特性，你将会在脚本中使用这些特性和对应的值。

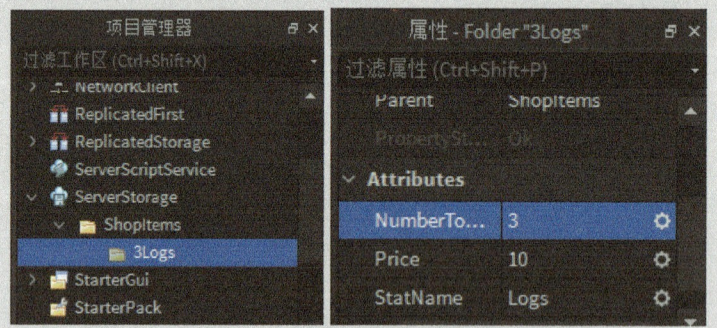

图11.10　具有NumberToGive、Price和StatName等自定义特性的文件夹

提示　一般的商店

通常在商店中，3Logs 文件夹还可以用于保存网格模型、图片图标等。

---

5. 在 StarterGui 中创建如下内容。
▶ 创建一个 ScreenGui，并命名为 ShopGui。

11.4 使用 RemoteFunction

▶ 在 ShopGui 中创建一个 TextButton，并命名为 Buy3Logs（见图 11.11）。

图11.11 制作GUI

提示 移动和缩放 GUI

要移动和缩放 GUI，可以在项目管理器中选中 GUI 对象，然后移动和缩放它。

6. 选中 Buy3Logs，为其添加一个特性，如图 11.12 所示。

▶ **名称**：PurchaseType。
▶ **值**：3Logs。
▶ **类型**：String。

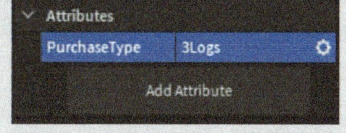

图11.12 为Buy3Logs添加特性

客户端 LocalScript

GUI 按钮的 LocalScript 需要是按钮的直接子级。在 LocalScript 中编写代码来调用服务器，然后告诉玩家购买是否成功，或者是否需要更多金币。

1. 在 Buy3Logs 按钮中创建一个 LocalScript。
2. 获取 RemoteFunction 对象 CheckPurchase。

代码清单 11-7
```
local ReplicatedStorage = game:GetService("ReplicatedStorage")
local checkPurchase= ReplicatedStorage:WaitForChild("CheckPurchase")
```

3. 获取按钮的 PurchaseType 特性。

代码清单 11-8
```
local ReplicatedStorage = game:GetService("ReplicatedStorage")
local checkPurchase= ReplicatedStorage:WaitForChild("CheckPurchase")

local button = script.Parent
local purchaseType = button:GetAttribute("PurchaseType")
```

4. 使用 PurchaseType 配置按钮的默认文本，然后设置按钮在两次购买之间的禁用时长。

代码清单 11-9

```
local defaultText = "Buy " .. purchaseType
button.Text = defaultText

local COOLDOWN = 2.0
```

提示　配置按钮的默认文本
你将会多次更改按钮的 Text 属性值，所以需要确保在脚本开头配置默认文本。

5. 创建按钮被单击时调用的函数。

代码清单 11-10

```
local function onButtonActivated()

end

button.Activated:Connect(onButtonActivated)
```

6. 以 purchaseType 作为参数调用服务器，创建一个变量来保存返回的购买确认信息。

代码清单 11-11

```
local function onButtonActivated()
    local confirmationText = checkPurchase:InvokeServer(purchaseType)
end
```

7. 临时禁用按钮，并显示购买确认信息，然后把按钮恢复正常。

代码清单 11-12

```
local ReplicatedStorage = game:GetService("ReplicatedStorage")
local checkPurchase = ReplicatedStorage:WaitForChild("CheckPurchase")

local button = script.Parent
local purchaseType = button:GetAttribute("PurchaseType")
```

11.4 使用 RemoteFunction

```lua
local defaultText = "Buy " .. purchaseType
button.Text = defaultText

local COOLDOWN = 2.0

local function onButtonActivated()

    local confirmationText = checkPurchase:InvokeServer(purchaseType)
    button.Text = confirmationText
    button.Selectable = false
    wait(COOLDOWN)
    button.Text = defaultText
    button.Selectable = true
end

button.Activated:Connect(onButtonActivated)
```

服务器 Script

服务器的工作是检查和更新数据。当客户端发送了玩家想要购买的东西时,服务器就会检查玩家是否有足够的金币,如果是,就会进行购买,然后按钮文本显示为购买成功;如果金币不足,服务器会返回信息提示金币不足。

1. 在 ServerScriptService 中创建一个 Script。
2. 思考你的脚本需要做什么,并列出你认为它需要的东西,对比你列出的内容和以下代码。

代码清单 11-13
```lua
local ReplicatedStorage = game:GetService("ReplicatedStorage")
local Players = game:GetService("Players")
local ServerStorage = game:GetService("ServerStorage")

local checkPurchase = ReplicatedStorage:WaitForChild("CheckPurchase")
local shopItems = ServerStorage.ShopItems
```

3. 创建一个名为 confirmPurchase() 的函数,参数为 player 和 purchaseType。把 confirmPurchase() 绑定到 RemoteFunction。

代码清单 11-14
```lua
local function confirmPurchase(player, purchaseType)

end

checkPurchase.OnServerInvoke = confirmPurchase
```

128　第 11 章　客户端与服务器

4. 在 confirmPurchase() 函数里获取玩家的金币数量。

代码清单 11-15
```lua
local function confirmPurchase(player, purchaseType)
    local leaderstats = player.leaderstats
    local currentGold = leaderstats:FindFirstChild("Gold")

end
```

5. 使用传入的 purchaseType 找到玩家想要购买的物品，获取排行榜上要更新的资源的信息、物品的价格和一次购买的数量。

代码清单 11-16
```lua
local function confirmPurchase(player, purchaseType)
    local leaderstats = player.leaderstats
    local currentGold = leaderstats:FindFirstChild("Gold")

    local purchaseType = shopItems:FindFirstChild(purchaseType)
    local resourceStat =
        leaderstats:FindFirstChild(purchaseType:GetAttribute("StatName"))
    local price = purchaseType:GetAttribute("Price")
    local numberToGive = purchaseType:GetAttribute("NumberToGive")
end
```

> **提示　检查你的代码**
> 这里应该有 4 个变量。注意 purchaseType:GetAttribute("StatName") 是如何传到 leaderstats:FindFirstChild() 中的。

6. 创建一个返回信息的变量，当检查完后，就会返回这个变量。

代码清单 11-17
```lua
local function confirmPurchase(player, purchaseType)
    local leaderstats = player.leaderstats
    local currentGold = leaderstats:FindFirstChild("Gold")

    local purchaseType = shopItems:FindFirstChild(purchaseType)
    local resourceStat =
        leaderstats:FindFirstChild(purchaseType:GetAttribute("StatName"))
```

```
    local price = purchaseType:GetAttribute("Price")
    local numberToGive = purchaseType:GetAttribute("NumberToGive")

    local serverMessage = nil

    return serverMessage
end
```

> **提示** 把未确定的值设为 nil
> 在上面的代码中,serverMessage 的值要在下一步确定,与其让变量没有值,不如把它的值设为 nil,这样就可以清晰地看出有没有遗漏赋值。

7. 判断玩家是否有足够的金币购买物品,根据结果向客户端返回对应的信息,并更新排行榜。脚本如下。

代码清单 11-18
```
local ReplicatedStorage = game:GetService("ReplicatedStorage")
local Players = game:GetService("Players")
local ServerStorage = game:GetService("ServerStorage")

local checkPurchase = ReplicatedStorage:WaitForChild("CheckPurchase")
local shopItems = ServerStorage.ShopItems

local function confirmPurchase(player, purchaseType)

    local leaderstats = player.leaderstats
    local currentGold = leaderstats:FindFirstChild("Gold")
    local purchaseType = shopItems:FindFirstChild(purchaseType)
    local resourceStat =
        leaderstats:FindFirstChild(purchaseType:GetAttribute("StatName"))
    local price = purchaseType:GetAttribute("Price")
    local numberToGive = purchaseType:GetAttribute("NumberToGive")

    local serverMessage = nil

    if currentGold.Value >= price then

        currentGold.Value = currentGold.Value - price
        resourceStat.Value += numberToGive
```

```
            serverMessage = ("Purchase Successful!")

        elseif currentGold.Value < price then
            serverMessage = ("Not enough Gold")

        else
            serverMessage = ("Didn't find necessary info")

        end

        return serverMessage
end

checkPurchase.OnServerInvoke = confirmPurchase
```

8. 测试游戏。你可以给商品添加图标、调整文本字体、调整按钮来使商店更美观。

 ## 总结

每个罗布乐思作品都有两端，结合在一起，玩家就可以看到作品的世界。其中一端是客户端，它是玩家用来与罗布乐思交互的设备，例如计算机和手机等；另一端是服务器，它确保每个玩家体验的内容相同。

如果你不希望黑客利用客户端进行未授权的购买或者修改数据，应尽可能地将代码放在服务器端，因为这样更安全。

但有些东西需要特定地放在客户端。例如玩家打开商店窗口时，你不希望作品中的每个玩家都同时能看到商店窗口，就需要将商店相关的内容放在客户端。

 ## 问答

问　除了函数，其他对象也可以绑定到 RemoteFunction 吗？
答　RemoteFunction 只能绑定函数，绑定变量之类的其他对象会导致错误。

实践

回顾所学知识，完成测验。

测验

1. 玩家用来进入罗布乐思作品的设备是_____。

2. 执行罗布乐思作品的强大的硬件机器是_____。
3. 更改客户端上的内容的代码要编写在_____中。
4. RemoteFunction 是_____。
   A. 一种事件　　　　B. 一个对象　　　　C. 数据类型
5. RemoteFunction 用于服务器和客户端之间的_____通信。

答案

1. 客户端。　2. 服务器。　3. LocalScript。　4. B。　5. 双向。

练习

目前商店的一个问题是没有列出商品的价格。一个 RemoteFunction 只能绑定一个函数，创建第二个 RemoteFunction 来制作第二个商品，并显示商品的名称和价格（见图 11.13）。测试使用多个商品的代码。

图11.13　扩展商店代码来显示每个商品的价格

第 12 章

远程事件：单向通信

在这一章里你会学习：
- ▶ 如何使用远程事件；
- ▶ 如何向所有客户端发送信息；
- ▶ 如何向特定玩家发送信息；
- ▶ 如何从客户端向服务器发送信息；
- ▶ 如何制作GUI倒计时。

第11章介绍了客户端和服务器之间的一种通信方法，这一章介绍另一种通信方法。

12.1 单向通信

有时只需要从客户端向服务器发送信息，或者从服务器向客户端发送信息，不需要返回响应信息，在这种情况下，不应该使用RemoteFunction，而应该使用RemoteEvent。

RemoteEvent是一个对象，可以创建在Workspace中，但通常创建在ReplicatedStorage中，客户端和服务器都可以访问它（见图12.1）。

RemoteEvent发送信息的3种主要方式如下。

图12.1 RemoteEvent应该创建在客户端和服务器都可以访问的ReplicatedStorage中

- 从服务器到特定客户端。
- 从服务器到所有客户端。
- 从客户端到服务器。

12.2 从服务器到所有客户端的通信

从服务器向所有客户端发送信息的方法如下。

代码清单 12-1

```
remoteEventName:FireAllClients(variableName)
```

把要发送给客户端的信息传入 FireAllClients()。

在客户端,你可以设置一个或多个函数来在事件被触发时调用。

代码清单 12-2

```lua
local function firstFunction(incomingInfo)
    -- 做某些事情
end

local function secondFunction(incomingInfo)
    -- 做另一些事情
end

-- 把这两个函数连接到 onClientEvent
remoteEventName.OnClientEvent:Connect(firstFunction)
remoteEventName.OnClientEvent:Connect(secondFunction)
```

> ▼ 小练习
>
> **制作 GUI 倒计时**
>
> 本练习用我们熟悉的倒计时例子来演示,这是一个很好的例子,因为服务器需要向每个客户端同步信息,但不需要客户端返回信息。
>
> 到目前为止,我们已经通过两种方法演示了倒计时。第一种是只显示在输出窗口中,但在客户端看不到;第二种是显示在游戏空间的 3D GUI 上,但它的问题是,当玩家走开时就看不到它。如果你想确保每个玩家都肯定能看到倒计时,如图 12.2 所示,可以使用 RemoteEvent 来实现。
>
> 1. 在 ReplicatedStorage 中创建一个名为 CountdownEvent 的 RemoteEvent(见图 12.3)。
>
> 2. 在 ServerScriptService 中创建一个 Script,在其中创建引用 ReplicatedStorage 和 RemoteEvent 的变量。

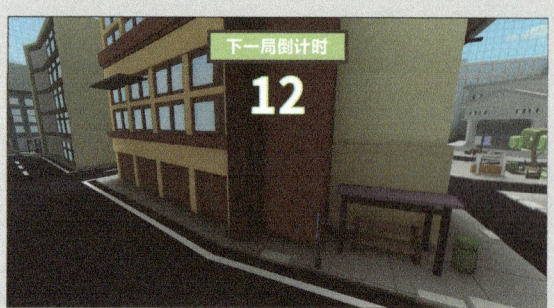

图12.2 使用TextLabel显示下一局的倒计时

图12.3 在ReplicatedStorage中创建名为CountdownEvent的RemoteEvent

代码清单 12-3

```
local ReplicatedStorage = game:GetService("ReplicatedStorage")
local countdownEvent = ReplicatedStorage:WaitForChild("CountdownEvent")
```

3. 使用 for 循环制作倒计时，在每次迭代中触发事件并传入当前倒计时。

代码清单 12-4

```
local ReplicatedStorage = game:GetService("ReplicatedStorage")
local countdownEvent = ReplicatedStorage:WaitForChild("CountdownEvent")

local secondsRemaining = 20
for count = secondsRemaining, 1, -1 do
    countdownEvent:FireAllClients(count)
    wait(1.0)
end
```

4. 制作客户端的内容，在 StarterGui 中创建一个 ScreenGui 和一个 TextLabel，用于显示倒计时，将 TextLabel 对象重命名为 ShowCountdown（见图12.4）。

5. 在 ScreenGui 中创建一个 LocalScript 并命名为 DisplayManager（见图12.5），用于编写事件触发时要执行的代码。

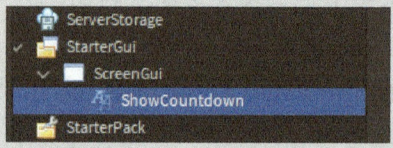

图12.4 创建ScreenGui和TextLabel对象

图12.5 在ScreenGui中创建一个LocalScript

6. 创建要引用的对象的变量，然后创建一个事件触发时调用的函数。

代码清单 12-5

```lua
local ReplicatedStorage = game:GetService("ReplicatedStorage")
local countdownEvent = ReplicatedStorage:WaitForChild("CountdownEvent")

-- 获取 ScreenGui 和 TextLabel
local screenGui = script.Parent
local countDisplay = screenGui.ShowCountdown

local function onTimerUpdate(count)
    -- 把 TextLabel 设为当前的倒计时
    countDisplay.Text = count
end

-- 当服务器触发远程事件时调用 onTimerUpdate()
countd ownEvent.OnClientEvent:Connect(onTimerUpdate)
```

> **提示 检查你的代码**
>
> 首先检查引用对象的变量名称，确保事件、实例和 GUI 元素等名称与代码中引用的名称相匹配，只要对应匹配，命名与示例代码不同也是可以的。另外，最好使用网络模拟器和发布后的游戏测试所有代码。

12.3 从客户端到服务器的通信

下面介绍如何把信息从客户端发到服务器。注意，远程事件方法是不需要服务器响应的。如果客户端需要做出更改来影响服务器，客户端可以向服务器发出远程请求。

客户端触发 RemoteEvent 的方法如下。

代码清单 12-6

```lua
remoteEvent:FireServer(infoToPass)
```

在服务器端连接函数。

代码清单 12-7

```lua
local function functionName(player, passedInfo)
    print(player.Name)
    -- 做某些事情
end
remoteEvent.OnServerEvent:Connect(functionName)
```

注意上面代码中的示例函数，触发事件的玩家是自动传入函数的，也就是函数的第一个参数，它是必需的。

> ▼ 小练习
>
> **选择地图，任意地图**
>
> 让玩家选择不同的地图可以增加作品的多样性。图 12.6 所示是某游戏世界中的一个地图选择器，玩家可以从 3 个不同的地图中选择一个。根据你的作品，玩家可以被传送到相应位置，或者加载所选地图。本例是从 ServerStorage 中复制所选的地图，而不是传送玩家。
>
>
>
> 图12.6　此GUI显示了3种不同的地图供选择
>
> 所有建筑物和道具都可以组合成一个模型作为地图。在本例中，你将制作几个简单的模型，并创建 GUI 按钮。
>
> 1. 在 ServerStorage 中创建一个名为 Maps 的文件夹。
> 2. 把 3 个不同的模型放入 Maps 文件夹中（见图 12.7），确保每个模型都有一个唯一的名称。选中所需的部件，单击鼠标右键，然后选择"分组"（快捷键为 Cmd+G 或 Ctrl+G），就可以把部件分组到模型中。
>
>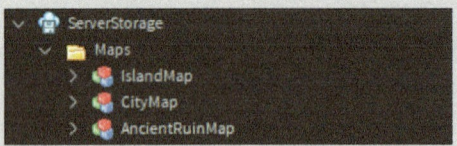
>
> 图12.7　3个模型包含3个地图的所有部件
>
> ---
> **提示**　用简单的模型练习
>
> 　　在这个练习中，模型可以只包含一个或两个部件。
>
> ---
>
> 3. 在 ReplicatedStorage 中创建一个名为 MapPicked 的 RemoteEvent（见图 12.8）。

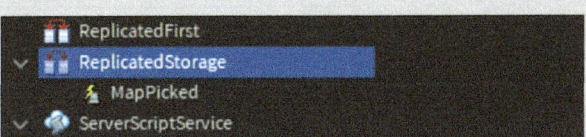

图12.8 在ReplicatedStorage中创建一个名为MapPicked的RemoteEvent

4. 在StarterGui中创建一个ScreenGui，并在ScreenGui中创建一个Frame（框架），将其命名为MapSelection（见图12.9），Frame可以把不同的GUI元素组合在一起。

5. 在Frame中创建3个TextButton（见图12.10）。确保每个按钮的名称与ServerStorage中的地图对应匹配（见图12.7），你将会使用这些名称来复制对应的地图。

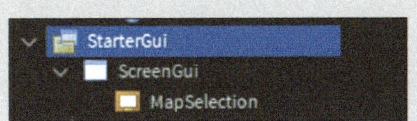
图12.9 新建一个Frame

图12.10 3个按钮的名称与地图模型对应匹配

客户端

客户端上的按钮可以用于选择地图，然后把信息发到服务器。

1. 单击其中某个按钮，然后创建一个LocalScript。
2. 创建RemoteEvent、按钮和Frame等的引用变量。

代码清单 12-8

```lua
local ReplicatedStorage = game:GetService("ReplicatedStorage")
local mapPicked = ReplicatedStorage:WaitForChild("MapPicked")

local button = script.Parent
local frame = button.Parent
```

3. 创建一个连接到按钮的触发事件的函数。

代码清单 12-9

```lua
local ReplicatedStorage = game:GetService("ReplicatedStorage")
local mapPicked = ReplicatedStorage:WaitForChild("MapPicked")

local button = script.Parent
```

```
local frame = button.Parent

local function onButtonActivated()

end

button.Activated:Connect(onButtonActivated)
```

4. 在函数里使用 FireServer() 发送被单击的按钮的名称，然后隐藏 Frame。

代码清单 12-10
```
local ReplicatedStorage = game:GetService("ReplicatedStorage")
local mapPicked = ReplicatedStorage:WaitForChild("MapPicked")

local button = script.Parent
local frame = button.Parent

local function onButtonActivated()
    mapPicked:FireServer(button.Name)
    frame.Visible = false
end

button.Activated:Connect(onButtonActivated)
```

服务器端
在服务器端，从 ServerStorage 中复制所选地图。
1. 在 ServerScriptService 中创建一个 Script。
2. 创建 RemoteEvent、ServerStorage 和 Maps 文件夹等的引用变量。

代码清单 12-11
```
local ReplicatedStorage = game:GetService("ReplicatedStorage")
local mapPicked = ReplicatedStorage:WaitForChild("MapPicked")

local ServerStorage = game:GetService("ServerStorage")
local mapsFolder = ServerStorage:WaitForChild("Maps")
```

3. 添加一个变量来引用当前地图，暂时把它设为 nil。当要生成新的地图时，使用这个变量来删除旧的地图，以免它们堆叠在一起。

代码清单 12-12
```
local ReplicatedStorage = game:GetService("ReplicatedStorage")
local mapPicked = ReplicatedStorage:WaitForChild("MapPicked")
```

```lua
local ServerStorage = game:GetService("ServerStorage")
local mapsFolder = ServerStorage:WaitForChild("Maps")

local currentMap = nil
```

4. 创建一个函数,把它连接到名为 OnServerEvent 的 RemoteEvent。

代码清单 12-13
```lua
local function onMapPicked(player, chosenMap)
end

mapPicked.OnServerEvent:Connect(onMapPicked)
```

5. 在 Maps 文件夹中查找选择的地图。

代码清单 12-14
```lua
local function onMapPicked(player, chosenMap)
    local mapChoice = mapsFolder:FindFirstChild(chosenMap)
end
```

6. 检查是否找到所选地图,然后销毁旧地图,复制新地图。

代码清单 12-15
```lua
local ReplicatedStorage = game:GetService("ReplicatedStorage")
local mapPicked = ReplicatedStorage:WaitForChild("MapPicked")

local ServerStorage = game:GetService("ServerStorage")
local mapsFolder = ServerStorage:WaitForChild("Maps")

local currentMap = nil

local function onMapPicked(player, chosenMap)
    local mapChoice = mapsFolder:FindFirstChild(chosenMap)

    if mapChoice then
        -- 判断是否有旧地图,若有则把它销毁
        if currentMap then
            currentMap:Destroy()
        end
        -- 复制一个新地图
        currentMap = mapChoice:Clone()
```

```
        currentMap.Parent = workspace
    else
        print("Map choice not found")
    end
end

mapPicked.OnServerEvent:Connect(onMapPicked)
```

7. 测试代码，如果没有问题，就把 LocalScript 复制到另外两个按钮中。

> **提示　问题排查提示**
> 如果脚本没有按预期工作，需检查单击的是不是正确的按钮。如果按钮重叠，可能会导致你单击了错误的按钮，从而不能正确运行。

12.4　从服务器到一个客户端的通信

如果你需要把信息传给特定的玩家，例如该玩家被随机选择为猎人或者其他特别的游戏角色，那么情况就有些不一样，在传递信息之前需要明确 RemoteEvent 的触发玩家。

服务器端

代码清单 12-16
```
remoteEvent:FireClient(player, additionalInfo)
```

客户端

代码清单 12-17
```
local function onServerEvent(player, additionalInfo)
    -- 你想做的事情
end
remoteEvent.OnClientEvent:Connect(onServerEvent)
```

在客户端触发函数里，可能你不需要使用 player 参数，但仍然会传递这个参数，这样可以明确向谁发送信息。

12.5 从客户端到客户端的通信

RemoteEvent 的最后一种使用方法是从客户端到客户端。客户端之间不能直接通信，需要通过服务器来通信，所以这实际上是把前面 3 种方法组合起来使用。

客户端使用 FireServer(infoToPass) 把信息传给服务器，然后服务器把信息传给单个或所有客户端。

总结

RemoteEvent 是服务器和客户端之间通信的一种很常用的方法，可以把多个函数连接到同一个事件。因为 RemoveEvent 的通信是单向的，不需要等待响应，所以比 RemoteFunction 更快、更容易使用。

实践

回顾所学知识，完成测验。

测验

1. 判断对错：RemoteEvent 可以向服务器发送信息，并等待服务器返回响应给客户端。
2. 判断对错：RemoteEvent 只能绑定一个函数。
3. 要把信息从客户端发送到服务器，需要使用函数_____。
4. 判断对错：服务器会自动接收到触发 RemoteEvent 的客户端的玩家名字。

答案

1. 错的，RemoteEvent 只能单向通信，它不会等待响应。 2. 错的，RemoteEvent 可以绑定不止一个函数，它可以连接任意多个函数，相比 RemoteFunction，这是它的优势之一。 3. FireServer()，例如 mapPicked:FireServer(button.Name)。 4. 对的，这就是连接到 RemoteEvent 的函数包含 player 参数的原因。

练习

选择地图后，向服务器中的每个玩家宣布选择的地图，如图 12.11 所示。

图12.11　宣布选择的地图

提示

▶ 客户端不能与其他客户端直接通信。
▶ 只需要一个 RemoteEvent。

第 13 章

使用 ModuleScript

在这一章里你会学习：
- 什么是 ModuleScript（模块脚本）；
- 如何创建 ModuleScript；
- 如何制作跳板；
- 什么是抽象；
- 如何避免编写重复的代码。

你的作品中可能包含很多东西：很多按钮、很多可以触碰的东西、很多要捡起来的东西。你要尽可能地避免在作品中编写大量重复的代码来处理这些对象。如果到处都有多个脚本的副本，管理和更新会很困难。想象一下，如果对几十个拾取物品的脚本进行相同的修改，或者逐个改变几十个陷阱造成的伤害，会非常烦琐。

本章介绍 ModuleScript，它是让代码集中以方便更新的一个工具。使用它可以避免编写重复的代码，让代码更容易管理和更新。

13.1 只编写一次代码

ModuleScript 是一个特殊的脚本对象，它可以存储函数和变量给 Script 和 LocalScript 使用，这样就可以统一处理金币拾取、怪物数据、按钮行为等。如果需要修改，就不再需要同时更新十几个甚至上百个脚本，只需更新 ModuleScript 即可。

虽然还是需要使用 Script 和 LocalScript 来调用 ModuleScript，但 Script 和 LocalScript 中的代码量可以削减到最少。

13.2 ModuleScript的存放位置

ModuleScript 的存放位置取决于其使用方式。如果它只需要被服务器脚本使用，就应该把它放在 ServerStorage 中，因为那里更安全。如果客户端脚本需要使用 ModuleScript，则可以把它放在 ReplicatedStorage 中（见图 13.1）。

图13.1　ServerStorage中的ModuleScript（左侧）只能给Script使用，ReplicatedStorage中的ModuleScript（右侧）可以同时被Script和LocalScript使用

13.3 了解ModuleScript的工作原理

每个 ModuleScript 都默认有如下代码。

代码清单 13-1
```
local module = {}
return module
```

这是 ModuleScript 的第一行和最后一行代码，ModuleScript 中的所有代码都放在一个表中，然后在最后一行返回。表中存储了 ModuleScript 中的所有共享的函数和变量。

13.4 命名ModuleScript

你要做的第一件事是修改表的名称来匹配当前 ModuleScript 的用途，如以下代码和图 13.2 所示，名称应该与共享函数的用途相匹配，例如 ShopManager、TrapManager

或 PetManager。

> **提示 脚本命名**
>
> **Manager** 这个词常用于命名脚本，表示告诉某个事物要做什么，所以 ButtonManager 可以理解为"告诉按钮要做什么"。

代码清单 13-2

```
local TrapManager = {}

function TrapManager.modifyHealth(player, amount)
    -- 逻辑代码编写区域
end

return TrapManager
```

请注意，图 13.2 所示的 ModuleScript 和里面的表的名称都采用大驼峰命名法，每个单词的第一个字母大写。如果你想了解罗布乐思命名规范的更多信息，可以查看附录。

图13.2 ModuleScript的名称和表的名称对应

13.5 添加函数和变量

使用之前介绍过的点表示法，把函数和变量添加到 ModuleScript 的表中，如下所示。

代码清单 13-3

```
local ModuleName = {}

-- 添加变量
ModuleName.variableName = 100

-- 添加函数
function ModuleName.functionName(parameter)
    -- 代码在这里
end
return ModuleName
```

添加到 ModuleScript 中的代码都必须位于 local ModuleName = {} 和 return ModuleName 之间。

13.6 了解ModuleScript的作用域

如果你观察上面的代码，会注意到添加的函数和变量没有使用关键字 local。

代码清单 13-4
```
-- 不使用关键字 local
function ModuleName.functionName(parameter)
    -- 代码在这里
end
```

在变量和函数的前面加 local，表示它只能在本代码块里调用，这是通常的方式，但是 ModuleScript 不同，ModuleScript 的目的是共享代码，因此不用加 local。

代码清单 13-5
```
local ScoreManager= {}

-- 共享函数不使用 local
function ScoreManager.scoreCalculator(originalScore, newPoints)
    local newScore = originalScore + newPoints
    return newScore
end
return ScoreManager
```

但是如果变量只在 ModuleScript 里使用，不在外部使用，如函数中的变量，则仍然应该加 local。

代码清单 13-6
```
local ScoreManager= {}

function ScoreManager.scoreCalculator(originalScore, newPoints)
    -- 这个变量不需要在函数外共享
    local newScore = originalScore + newPoints
    return newScore
end
return ScoreManager
```

13.7 在其他脚本中使用ModuleScript

ModuleScript 不会自己执行代码，它里面的变量和函数需要被其他脚本调用，在调用的地方执行。

在 Script 或 LocalScript 中使用 require() 函数，并传入 ModuleScript 的路径作为函数的参数。

代码清单 13-7

```
local ServerStorage = game:GetService("ServerStorage")
local ModuleName = require(ServerStorage.ModuleName)
```

以上脚本加载了 ModuleScript 的表，后续就可以使用 ModuleScript 里的变量和函数了。

要使用 ModuleScript 中的变量或函数，可以使用点表示法，通过 ModuleScript 的名称和要调用的变量或者函数的名称来进行调用。在以下第一段示例代码中，ModuleScript 中有一个值为 7 的变量；第二段示例代码演示了在 Script 中调用这个变量的方法。图 13.3 所示为输出窗口中的代码执行结果。

图13.3　代码执行结果

ServerStorage 中的 ModuleScript 代码如下。

代码清单 13-8

```
local PracticeModuleScript = {}

PracticeModuleScript.practiceVariable = 7

function PracticeModuleScript.practiceFunction ()
    print("This came from the practice ModuleScript")
end

return PracticeModuleScript
```

ServerScriptService 中的 Script 代码如下。

代码清单 13-9

```
local Serverstorage = game:GetService("ServerStorage")
local PracticeModuleScript = require(Serverstorage.PracticeModuleScript)

-- 这里会输出 7
```

```
print(PracticeModuleScript.practiceVariable)

-- 这里会在 practiceFunction() 中输出信息
PracticeModuleScript.practiceFunction()
```

请注意，第一行输出语句来自Script，而第二行输出语句来自ModuleScript。

调用ModuleScript时，需要确保ModuleScript、函数和变量的名称都完全正确，否则会发生异常。可以通过复制和粘贴来确保名称相同。

另外，在作品运行期间，不要对ModuleScript进行修改，因为运行期间是不会刷新ModuleScript的更改内容的，也就是说，在加载ModuleScript的表后，即使再次使用require()，也只会返回相同的表。

▼ 小练习

制作一个跳板

跳板（见图13.4）很受玩家喜欢，因为它可以让玩家到达他们原本到不了的区域。在这个练习中，你将制作一个跳板，跳板里的脚本只包含不太可能需要更新的最基本的代码。

图13.4　跳板

创建Script和跳板，然后编写代码。

1. 创建部件或网格，图13.4所示的跳板只是一个霓虹材质的蓝色部件。
2. 在跳板中创建一个Script。
3. 在ServerStorage中创建一个ModuleScript，并重命名为JumpPadManager。

ModuleScript

先编写ModuleScript的代码，因为要处理玩家跳多高和持续多长时间等问题，所以需要获取角色的HumanoidRootPart。HumanoidRootPart用于处理角色的基本动作。在HumanoidRootPart里创建一个VectorForce对象，VectorForce可以使角色向上弹起。你现在可能还不熟悉这个对象，我们会在后续的几章里更多地使用到它。

所有繁重的工作都在 ModuleScript 里完成，在 Script 中只需要几行代码。

1. 把表重命名为 JumpPadManager。

代码清单 13-10
```
local JumpPadManager = {}

return JumpPadManager
```

2. 创建一个局部常量来存储跳跃持续的时间。

代码清单 13-11
```
local JumpPadManager = {}

-- 使用局部常量，因为不需要在ModuleScript之外使用它
local JUMP_DURATION = 1.0

return JumpPadManager
```

3. 创建第二个局部常量来存储弹跳的方向，如下所示，VectorForce 需要 x、y、z 坐标值来确定向哪个方向发射事物，y 可以让事物向上发射。

代码清单 13-12
```
local JumpPadManager = {}

local JUMP_DURATION = 1.0
local JUMP_DIRECTION = Vector3.new(0, 6000, 0 )

return JumpPadManager
```

提示　移动对象

下一章将会介绍 Vector3 和 x、y、z 坐标，以及如何移动对象。你也可以尝试修改 x 和 z 的值，增加前后和左右的力。

---

4. 向表中添加新函数。

代码清单 13-13
```
local JumpPadManager = {}

local JUMP_DURATION = 1.0
```

13.7 在其他脚本中使用 ModuleScript

```lua
local JUMP_DIRECTION = Vector3.new(0, 6000, 0)

-- 不使用 local，因为跳板会用到这个函数
function JumpPadManager.jump(part)
end

return JumpPadManager
```

5. 这部分有点像之前制作的陷阱。找到部件的父级，然后使用它来搜索 Humanoid，如果找到 Humanoid，就继续搜索 HumanoidRootPart。

代码清单 13-14

```lua
-- ModuleScript 的上面部分

function JumpPadManager.jump(part)
    local character = part.Parent
    local humanoid = character:FindFirstChildWhichIsA("Humanoid")

    if humanoid then
        local humanoidRootPart = character:FindFirstChild("HumanoidRootPart")
    end
end

return JumpPadManager
```

6. 搜索 VectorForce 实例，可能它还不存在，下一步会使用它来做防抖判断。

代码清单 13-15

```lua
-- ModuleScript 的上面部分

function JumpPadManager.jump(part)
    local character = part.Parent
    local humanoid = character:FindFirstChildWhichIsA("Humanoid")

    if humanoid then
        local humanoidRootPart = character:FindFirstChild("HumanoidRootPart")
        local vectorForce = humanoidRootPart:FindFirstChild("VectorForce")
    end
end

return JumpPadManager
```

7. 如果没有 VectorForce，就创建一个，这是为了确保只使用一个 VectorForce。

代码清单 13-16

```lua
local JumpPadManager = {}

-- ModuleScript 的上面部分

function JumpPadManager.jump(part)
    local character = part.Parent
    local humanoid = character:FindFirstChildWhichIsA("Humanoid")

    if humanoid then
        local humanoidRootPart = character:FindFirstChild("HumanoidRootPart")
        local vectorForce = humanoidRootPart:FindFirstChild("VectorForce")
        if not vectorForce then
            vectorForce = Instance.new("VectorForce")
        end
    end
end

return JumpPadManager
```

8. 把 VectorForce 的 Force 属性值设为 JUMP_DIRECTION，然后把它附加到 HumanoidRootPart 上，并把它的父级设为 HumanoidRootPart，如下所示。

代码清单 13-17

```lua
-- ModuleScript 的上面部分

function JumpPadManager.jump(part)
    local character = part.Parent
    local humanoid = character:FindFirstChildWhichIsA("Humanoid")

    if humanoid then
        local humanoidRootPart = character:FindFirstChild("HumanoidRootPart")
        local vectorForce = humanoidRootPart:FindFirstChild("VectorForce")
        if not vectorForce then
            vectorForce = Instance.new("VectorForce")
            vectorForce.Force = JUMP_DIRECTION
            vectorForce.Attachment0 = humanoidRootPart.RootRigAttachment
            vectorForce.Parent = humanoidRootPart
        end
    end
```

```
end

return JumpPadManager
```

> **提示　把 VectorForce 和 HumanoidRootPart 连接在一起**
>
> 附件可以把 VectorForce 与 HumanoidRootPart 连接在一起。

9. 等待 JUMP_DURATION 的时间，最后销毁 VectorForce。

代码清单 13-18

```lua
local JumpPadManager = {}

-- 使用局部常量，因为不需要在 ModuleScript 之外使用它
local JUMP_DURATION = 1.0
local JUMP_DIRECTION = Vector3.new(0, 6000, 0)

-- 不使用 local，因为跳板会用到这个函数
function JumpPadManager.jump(part)
    local character = part.Parent
    local humanoid = character:FindFirstChildWhichIsA("Humanoid")
    
    if humanoid then
        local humanoidRootPart = character:FindFirstChild("HumanoidRootPart")
        local vectorForce = humanoidRootPart:FindFirstChild("VectorForce")
        if not vectorForce then
            vectorForce = Instance.new("VectorForce")
            vectorForce.Force = JUMP_DIRECTION
            vectorForce.Attachment0 = humanoidRootPart.RootRigAttachment
            vectorForce.Parent = humanoidRootPart
            wait(JUMP_DURATION)
            vectorForce:Destroy()
        end
    end
end

return JumpPadManager
```

Script

在 Script 里加载 ModuleScript，当有东西接触到部件时，调用 JumpPadManager.jump(otherPart)。

1. 在 Script 中加载 JumpPadManager。

代码清单 13-19
```
local ServerStorage = game:GetService("ServerStorage")
local JumpPadManager = require(ServerStorage.JumpPadManager)
```

2. 把一个函数连接到 Touched 事件，在函数里把触碰的部件传给 ModuleScript。

代码清单 13-20
```
local ServerStorage = game:GetService("ServerStorage")
local JumpPadManager = require(ServerStorage.JumpPadManager)

local jumpPad = script.Parent

local function onTouch(otherPart)
    JumpPadManager.jump(otherPart)
end

jumpPad.Touched:Connect(onTouch)
```

开始测试！如果出现 nil 错误，很可能是由于未能确保所有的命名和大小写都正确。

13.8 不要写重复的代码

前文中，我们多次倡导在组织和编写代码时，要考虑代码的复用。

回想前文中的范例，例如金矿石和木柴。金矿石和木柴的制作都使用相同的脚本，并且脚本中的代码可以处理不同的信息。这是一种普遍的编程方法——不编写重复的代码，它适用于所有的编程语言，而不仅是 Lua。

相反，如果在脚本中有很多重复的代码，则会降低代码的灵活性和简洁性，导致其不容易维护和修改。

13.9 抽象

不写重复的代码的关键是抽象事物，抽象是提取最主要的东西，隐藏暂时不需要处理的东西的过程。

罗布乐思 Studio 中的很多东西都是抽象的。思考一下，函数只需要调用并传入信息，所以函数是可以复用的抽象事物，用户不需要重写或者查看它里面的代码，调用它就可以获得它的功能。

编程语言中的一个常见示例是 print()，它的大部分代码都是隐藏的，程序员只需要关注输出的内容，而不需要思考如何让内容的每一个像素显示在屏幕上。

ModuleScript 满足不编写重复代码所需的抽象。ModuleScript 可以作为某一事物的根源，多个脚本所需的信息和函数都可以保存在一个 ModuleScript 中。

判断是否需要抽象的一个好方法是，思考是否需要在多于两个地方使用同一个变量或函数。在资源游戏的范例中，你可能希望玩家不仅收集木柴和金矿石，还要能收集其他资源，例如铁、浆果或羊毛等东西。此时就可以运用抽象。

总结

抽象通过省略细节来简化事物。在判断是否需要抽象时，思考是否需要经常复用，并且每次使用的差异很小。例如，像背包这样的通用物品，可以抽象为一个可复用的函数来获取其价格和容量等信息。

规划和组织代码来抽象事物，可以帮助程序员专注于重要的事情，这些时间投入是很值得的，它可以使代码更好地被组织，更易于维护。

问答

问　为什么不直接删除变量和函数的关键字 local 来让它们共享？

答　变量最好使用关键字 local，它可以使代码执行得更快，并且可以避免意外覆盖信息的情况出现。不使用 local 的是全局变量，例如 ModuleScript 里的变量，这是一种例外。

问　可以在抽象和不编写重复代码方面做到极致吗？

答　可以把抽象代码做到极致。一般来说，如果预想以后可能使用同一段代码超过两到三次，就值得抽象代码。

 实践

回顾所学知识，完成测验。

测验

1. 如果 ModuleScript 被命名为 RoundManager，它的第一行和最后一行代码应该是什么样的？
2. 可以使用_____把函数添加到 ModuleScript。
3. 如果一个 ModuleScript 只需要被 LocalScript 使用，它应该放在哪里？
4. 如果一个 ModuleScript 只需要被 Script 使用，它应该放在哪里？
5. 如果一个 ModuleScript 需要同时被 LocalScript 和 Script 使用，它应该放在哪里？

答案

1. 如果 ModuleScript 被命名为 RoundManager，第一行和最后一行代码应该是下面这样的。

代码清单 13-21

```
local RoundManager = {}
    -- 代码
return RoundManager
```

2. 点表示法，例如 function MyModule.myfunction()。 3. ReplicatedStorage。
4. ServerStorage。 5. ReplicatedStorage。

练习

使用你熟悉的代码创建 ModuleScript，例如制作一些玩家需要躲避的陷阱部件，如果玩家触碰到陷阱，就会失去所有生命值，示例如图 13.5 所示。

图13.5　地下室走廊迷宫中的红色陷阱

第 14 章

3D世界空间编程

在这一章里你会学习：
- 如何使用x、y、z坐标；
- 如何使用CFrame把对象放到指定的位置；
- 世界坐标和相对坐标有什么区别；
- 如何使用RelativeTo控制角色弹跳的方向。

在第 13 章中，你使用 ModuleScript 创建了一个跳板，可以把玩家角色直接弹向空中。这一章将介绍如何把对象放在 3D 空间中，如何把部件生成到指定的地方。

14.1 了解x、y、z坐标

在编写代码之前，你需要了解对象是如何在 3D 空间中放置和旋转的。在 3D 世界中，每个对象都可以在由 x、y 和 z 这 3 个轴组成的坐标系上确定位置。上下由 y 轴控制，前后和左右分别由 x 轴和 z 轴控制。在图 14.1 所示的缩小地形中，绿色箭头是 y 轴，红色箭头是 x 轴，蓝色箭头是 z 轴。

如果没有显示视图选择器，可以在"视图"选项卡的"操作"中打开视图选择器（见图 14.2），这样就可以查看摄像机的面向方向。

选中对象后，使用"移动"工具就可以看到红色（x）、绿色（y）和蓝色（z）箭头的 3 个轴。在世界空间中拖动一个对象时，属性窗口中 Position 属性的 X、Y 和 Z 的值就会改变（见图 14.3）。如果把一个对象放在世界的中心，它的 X、Y、Z 的值就会变为 0、0、0。

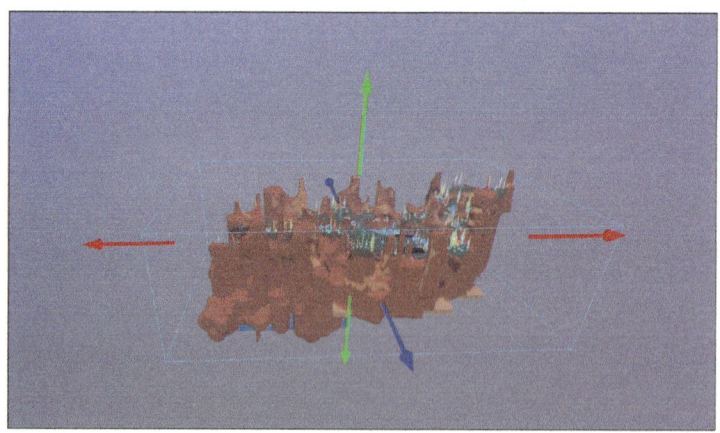

图14.1　一个地形的缩小视图，坐标轴是红色、绿色和蓝色的箭头

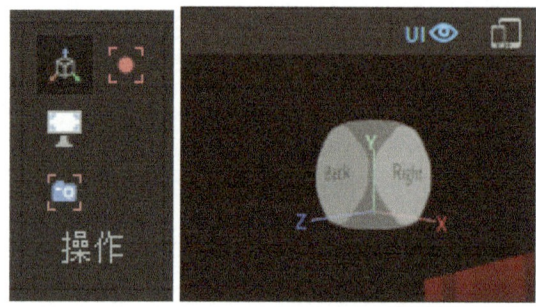

图14.2　打开视图选择器

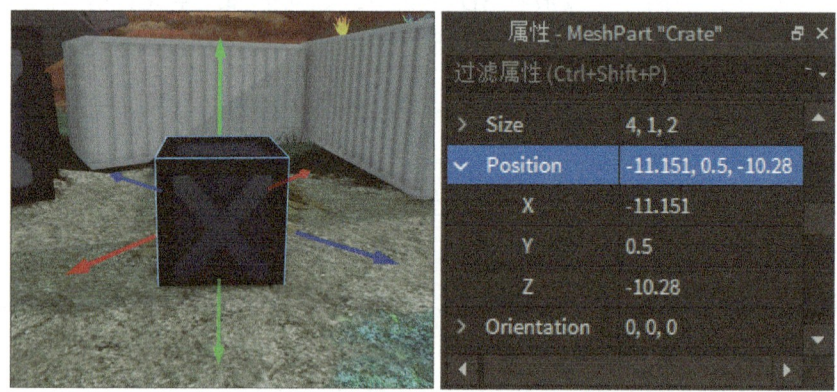

图14.3　拖动部件可以看到属性窗口中X、Y和Z的值在变化

14.2　使用CFrame坐标放置事物

如果你想在特定的地方放置一个物体或一个玩家角色，就需要了解CFrame。使

14.2 使用 CFrame 坐标放置事物

用 CFrame 可以把它们准确地放在指定的位置，而不是默认地生成在世界的中心。

CFrame 代表坐标，3D 空间中的每个对象都有一个坐标。CFrame 的默认值是 (0,0,0)，这也是新创建的对象会出现在世界的中心的原因。要修改对象的位置，可以使用 CFrame.new() 为对象分配一个新的 CFrame 值。

代码清单 14-1

```
local part = script.Parent
part.CFrame = CFrame.new(1, 4, 1)
```

你可以单独设置位置的 x、y 和 z 值，如上面的代码所示，也可以传入 Vector3 数据，如以下代码所示。

代码清单 14-2

```
local vector3 = Vector3.new( 1, 4, 1)
part.CFrame = CFrame.new(vector3)
```

▼ 小练习

把对象生成在某个地方

有多种方法可以给新创建的 CFrame 赋值。其中一种方法是使用另一个部件，这个部件已经在指定的地方。部件有一个名为 Position 的属性，它的值是一个 Vector3 值。在本练习中，使用一个现有部件的 Position 属性来设置一个新部件的 CFrame。

1. 在游戏世界的某个地方创建一个部件，把它命名为像 Marker 这样的独特的名称，创建一个变量并赋值为这个部件。

代码清单 14-3

```
local marker = workspace.Marker
```

2. 创建一个部件实例，默认情况下，新创建的部件是没有被锚固的，所以需要把它锚固。

代码清单 14-4

```
local marker = workspace.Marker

local newPart = Instance.new("Part")
newPart.Anchored = true
```

3. 把新部件的 CFrame 设为 CFrame.new()。

代码清单 14-5

```
local marker = workspace.Marker

local newPart = Instance.new("Part")
newPart.Anchored = true
newPart.CFrame = CFrame.new()
```

4. 把 Marker 的位置作为参数传入 new() 函数里，然后把新部件的父级设为 workspace。测试代码，最终会在同一个地方出现两个部件。

代码清单 14-6

```
local marker = workspace.Marker

local newPart = Instance.new("Part")
newPart.Anchored = true
newPart.CFrame = CFrame.new(marker.Position)
newPart.Parent = workspace
```

你可能会产生疑问：只要使用 Position 属性来设置坐标就可以了，不需要其他方法了吧？答案是不可以，因为只有部件才有 Position 属性，模型没有，后文会介绍。

14.3 偏移CFrame

很多时候，你不想把东西放在同一个地方，你可能想把它放在某个位置的上面或稍微靠边，那么可以结合 CFrame 和 Vector3 值来实现。在以下示例中，把在原部件 y 轴上增加了 4 个单位的 Vector3 添加到 CFrame.new()。

代码清单 14-7

```
local marker = workspace.Marker

local newPart = Instance.new("Part")
newPart.Anchored = true

-- 把新的部件放在 Marker 上方 4 个单位的地方
newPart.CFrame = CFrame.new(marker.Position) + Vector3.new(0, 4, 0)
newPart.Parent = workspace
```

14.4 给CFrame添加旋转

要旋转对象，可以把旋转值添加到 CFrame，可以使用当前的 CFrame 乘以带旋转弧度的 CFrame.Angles() 来实现。

代码清单 14-8
```
local spinner = script.Parent
local ROTATION_AMOUNT = CFrame.Angles(0, math.rad(45), 0)

while wait(0.5) do
    -- 获取 spinner 的当前的 CFrame，并旋转它
    spinner.CFrame = spinner.CFrame * ROTATION_AMOUNT
end
```

CFrame.Angles() 也是使用 x、y 和 z 这 3 个值，上述代码是绕 y 轴旋转。需要注意的是，它不是使用度数进行操作的，而是使用弧度。弧度是处理圆弧的数学概念。幸运的是，你不需要知道如何使用弧度，因为 math.rad() 可以为你方便地把度数转换为弧度。

所以，如果你想让一个部件绕 x 轴旋转 20 度，代码如下。

代码清单 14-9
```
local ROTATION_AMOUNT = CFrame.Angles(math.rad (20), 0, 0)
part.CFrame = part.CFrame * ROTATION_AMOUNT
```

14.5 移动模型

如前面所说，部件有 Position 属性，但是模型没有这个属性。要移动模型的位置，需要获取模型的 PrimaryPart。我们使用一个非常简单的云的模型来进行演示，它由几个球体部件组成，如图 14.4 所示。

> 提示　把部件分组到模型中
> 　　选中部件后，单击鼠标右键，然后选择"分组"，就可以把部件分组到模型中。

这个云的模型不可以使用前面的方法进行移动，需要使用 SetPrimaryPartCFrame()，并传入新创建的 CFrame 作为参数。

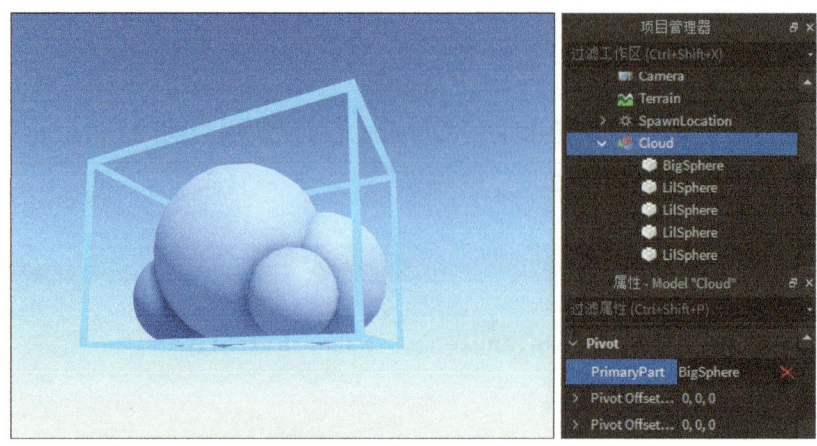

图14.4 云的模型由几个球体部件组成,在属性窗口中可以看到PrimaryPart被设为BigSphere

代码清单 14-10

```
local cloud = workspace.Cloud
cloud:SetPrimaryPartCFrame(CFrame.new(0, 20, 0))
```

提示　设置 PrimaryPart

你可以在属性窗口中设置模型的 PrimaryPart,选中模型后,在属性窗口中单击 PrimaryPart,然后单击项目管理器中要指定的部件作为模型的主要部件。

14.6　世界坐标和相对坐标

在 3D 作品中需要考虑两组坐标,一组是世界坐标,根据整个 3D 空间的 x、y 和 z 轴的坐标来放置和旋转物体。

另一组是相对坐标,相对于对象自身的位置进行移动和旋转。相对坐标的 x、y 和 z 轴可能与世界坐标的不一致。在图 14.5 中,左侧显示的是世界坐标,右侧显示的是相对坐标。

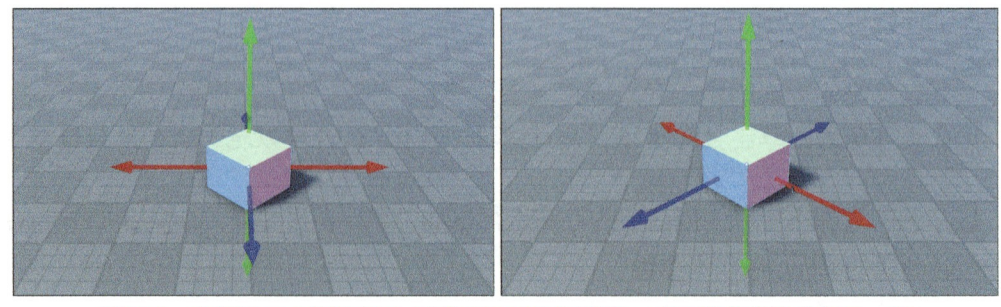

图14.5　左图显示了世界坐标;右图显示了相对坐标,它可能与世界坐标不一致

14.6 世界坐标和相对坐标

可以这样类比：你所处的世界具有固定的东、南、西、北等方向，无论你面向哪里，这些方向都不会改变；但是你个人的左、右、前、后会随着你的移动而移动，随着你的旋转而旋转。

当使用缩放和旋转工具时，可以按快捷键 Cmd+L 或快捷键 Ctrl + L 来切换世界坐标和相对坐标。如果在红色 x 轴的角落看到一个小 L，表明当前处于相对坐标的本地模式，如图 14.6 所示。

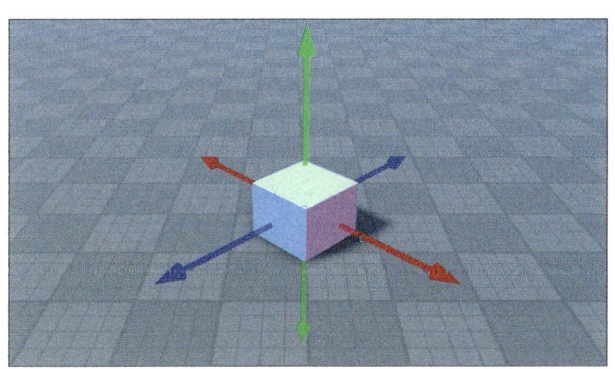

图14.6　移动工具和旋转工具处于本地模式

▼ 小练习

相对于玩家的弹跳

以前的跳板范例使用的是世界坐标，当有玩家角色踩到跳板，无论它们（或跳板）面向哪个方向，它们都会朝同一个方向弹跳。在这个练习中，修改代码，使用 RelativeTo 来让玩家角色朝其面向的方向弹跳。

在第 13 章的范例代码的基础上进行细微的修改。

1. 在 JumpPadManager 中找到 JUMP_DIRECTION 常量，把 z 的值改为 -6000。

代码清单 14-11

```
local JumpPadManager = {}
-- 使用局部常量，因为不需要在 ModuleScript 之外使用它
local JUMP_DURATION = 0.5
local JUMP_DIRECTION = Vector3.new(0, 6000, -6000)
```

2. 把 VectorForce 的 RelativeTo 属性设为 Enum.ActuatorRelativeTo.Attachment0。

代码清单 14-12

```
local JumpPadManager = {}

-- 使用局部常量，因为不需要在 ModuleScript 之外使用它
```

```
local JUMP_DURATION = 0.5
local JUMP_DIRECTION = Vector3.new(0, 6000, -6000)

-- 不使用 local，因为跳板会用到这个函数
function JumpPadManager.jump(part)
    local character = part.Parent
    local humanoid = character:FindFirstChildWhichIsA("Humanoid")
    if humanoid then
        local humanoidRootPart = character:FindFirstChild("HumanoidRootPart")
        local vectorForce = humanoidRootPart:FindFirstChild("VectorForce")
        if not vectorForce then
            vectorForce = Instance.new("VectorForce")
            vectorForce.Force = JUMP_DIRECTION
            vectorForce.Attachment0 = humanoidRootPart.RootRigAttachment
            vectorForce.RelativeTo = Enum.ActuatorRelativeTo.Attachment0
            vectorForce.Parent = humanoidRootPart
            wait(JUMP_DURATION)
            vectorForce:Destroy()
        end
    end
end
return JumpPadManager
```

> **提示　把 VectorForce 设置为相对于附件**
>
> 本例中，把 VectorForce 设置为相对于连接到 HumanoidRootPart 的 Attachment0。

3. 测试代码，你的角色应该会朝其所面对的方向上跳起，而不是朝世界坐标上方跳起。

> **提示　不同角色的质量不一样**
>
> 就像现实生活中的人一样，玩家角色的质量取决于它的大小和装备，角色被弹起的高度会因质量的不同而不一样。

总结

你可以把对象放在游戏世界的任何地方，还可以传送部件和玩家角色。3D 世界空间中的所有事物，包括玩家角色，都可以在 x（红色）、y（绿色）和 z（蓝色）轴组成的世界坐标系中找到。

💎 实践

回顾所学知识，完成测验。

测验

1. 世界空间中向上的轴是什么？
2. 要使用 Vector3 值来创建 CFrame，可以使用函数_____。
3. 要旋转 CFrame，可以使用函数_____。
4. 要把度数转换为弧度，可以使用函数_____。
5. 要旋转一个对象，可以把它的 CFrame 和 CFrame.Angles()_____。
6. 要把对象移到它的旁边或上方，可以把它的 CFrame 和一个新的 Vector3 值_____。

答案

1. 绿色的 y 轴。 2. CFrame.New()。 3. CFrame.Angles()。 4. math.rad()。 5. 相乘。 6. 相加。

📋 练习

修改玩家角色的 CFrame 信息，就可以把玩家角色从世界中的一个地方传送到另一个地方。使用这个方法可以让玩家角色穿过图 14.7 所示的峡谷，或者把玩家角色从大厅传送到竞技场。在本练习中，制作一个传送部件，实现把玩家角色传送到另一个部件。

图14.7　玩家可以使用紫色的部件穿过峡谷

提示

▶ 在本练习中，只需要考虑单向传送。
▶ 在玩家角色中找到 PrimaryPart。

第 15 章

平滑的动效

在这一章里你会学习：
- 什么是渐变属性；
- 如何平滑地移动部件；
- 如何使用渐变的Completed事件。

CFrame 可以让事物瞬间从一个地方移动到另一个地方，但如果不想让事物瞬间变化怎么办？例如希望它从一个地点平滑地移动到另一个地点，或者从一种颜色逐渐变成另一种颜色，这就需要使用渐变。在这一章里，我们将使用渐变平滑地改变部件的位置和颜色。另外，渐变也适用于 GUI。

15.1 了解渐变

罗布乐思中的渐变，是指某个属性（例如地图上的一个位置，或某种颜色）从一个起点逐渐地变化到一个终点。要使用渐变，需要先获取 TweenService（渐变服务），如下所示。

代码清单 15-1
```
local TweenService = game:GetService("TweenService")
```

15.1 了解渐变

▼ 小练习

部件颜色的渐变

渐变可以使你的作品更有动感。按照以下步骤制作一个简单的渐变，使部件的颜色逐渐改变。

1. 创建一个部件，并在部件里创建一个 Script。
2. 在 Script 中获取渐变服务，创建一个变量赋值为本部件。

代码清单 15-2
```lua
local TweenService = game:GetService("TweenService")
local part = script.Parent
```

3. TweenInfo 用于控制渐变的过程。创建一个 TweenInfo 对象，传入 5.0 作为参数，代表过渡到新的颜色需要 5 秒。

代码清单 15-3
```lua
local TweenService = game:GetService("TweenService")
local part = script.Parent
local tweenInfo = TweenInfo.new(5.0)
```

4. TweenService 需要一个字典来保存要改变属性的目标值，本例是部件的最终颜色。

代码清单 15-4
```lua
local TweenService = game:GetService("TweenService")
local part = script.Parent
local tweenInfo = TweenInfo.new(5.0)

local goal = {}
goal.Color = Color3.fromRGB(11, 141, 255)
```

提示　使用任意的 RGB 值

　　上面代码的颜色是亮蓝色。

5. 调用 TweenService:Create() 函数，参数分别是部件、TweenInfo 和保存目标值的字典。

代码清单 15-5
```lua
local goal = {}
goal.Color = Color3.fromRGB(11, 141, 255)

-- 参数分别是部件、TweenInfo 和保存目标值的字典
local tween = TweenService:Create(part, tweenInfo, goal)
```

6. 添加延时来加载作品，然后开始播放渐变。

代码清单 15-6
```
local TweenService = game:GetService("TweenService")
local part = script.Parent

local goal = {}
goal.Color = Color3.fromRGB(11, 141, 255)
local tweenInfo = TweenInfo.new(5.0)
local tween = TweenService:Create(part, tweenInfo, goal)

-- 添加延时来加载作品
wait(2.0)
-- 播放渐变
tween:Play()
```

提示　添加延时

如果不添加延时，当作品启动时，你可能会错过渐变开始的一段。如果渐变的时间很短，或者作品加载的时间很长，你可能会错过整个渐变的过程。如果是在触发事件后播放渐变，就不需要延时。

15.2　配置TweenInfo参数

你可以根据需要在渐变中同时使用多个属性，前提是要把这些属性添加到保存目标值的字典中。另外，你可以自定义更多配置来控制渐变的过程，即过渡到目标值的过程。

表 15-1 列出了 TweenInfo 的所有参数。

表15-1　TweenInfo的所有参数

参数	描述
Time [number, 秒]	渐变过渡到目标值所需的时间
EasingStyle [Enum]	渐变的样式
EasingDirection [Enum]	渐变的方向
RepeatCount [number]	渐变重复执行的次数
Reverses [Bool]	渐变是否在初始后反向执行
DelayTime [number, 秒]	渐变执行前的延迟时间

代码如下所示。

代码清单 15-7

```lua
local tweenInfo = TweenInfo.new(
    2.0, -- 时间
    Enum.EasingStyle.Linear, -- 渐变样式
    Enum.EasingDirection.Out, -- 渐变方向
    -1, -- 重复次数（当小于零时，代表无限循环）
    true, -- 反转（渐变达到目标值后就会反向执行）
    0.0 -- 延时
)
```

以上的代码格式比较少见，所有参数都占单独的一行，这样可以方便阅读。不可以跳过参数，但末尾的可选参数可以不填写。可以在附录中查看 EasingStyle 和 EasingDirection 的具体列表。

另外需要注意，因为 TweenInfo 不是表，所以不要在最后一个参数的后面添加逗号。

▼ 小练习

制作电梯门

下面通过制作一个滑动门来练习 TweenInfo 参数的使用，这个滑动门可以用在电梯或办公楼里，如图 15.1 所示。

图15.1 办公楼或者电梯的滑动门

门滑动到目标位置后，暂停一会儿，然后往反方向滑动。

这个练习只需要使用一个部件。如果你使用模型，就需要在后续的代码中考虑模型的移动方法。

1. 使用玻璃部件作为滑动门。
2. 在部件里创建一个邻近提示对象，并命名为 SlidingDoorPrompt。
3. 把邻近提示对象的 HoldDurati 属性值设为 0.5。

脚本

要制作一个在一定距离内平滑移动的部件,使用TweenInfo的前3个参数就足够了。

1. 在ServerScriptService中创建一个Script。
2. 获取ProximityPromptService和TweenService。

代码清单15-8
```lua
local ProximityPromptService = game:GetService("ProximityPromptService")
local TweenService = game:GetService("TweenService")
```

3. 创建一个函数,把它连接到邻近提示对象的PromptTriggered事件,在函数里添加代码来判断是否触发这个邻近提示对象。

代码清单15-9
```lua
local ProximityPromptService = game:GetService("ProximityPromptService")
local TweenService = game:GetService("TweenService")

local function onPromptTriggered(prompt, player)

    if prompt.Name == "SlidingDoorPrompt" then
    end
end
ProximityPromptService.PromptTriggered:Connect(onPromptTriggered)
```

4. 获取部件。

代码清单15-10
```lua
local ProximityPromptService = game:GetService("ProximityPromptService")
local TweenService = game:GetService("TweenService")

local function onPromptTriggered(prompt, player)

    if prompt.Name == "SlidingDoorPrompt" then
        local door = prompt.Parent
    end
end

ProximityPromptService.PromptTriggered:Connect(onPromptTriggered)
```

5. 创建一个字典,包含门打开时的CFrame目标值,你的值可能与以下代码不同。

代码清单 15-11

```
if prompt.Name == "SlidingDoorPrompt" then
    local door = prompt.Parent
    local goal = {}
    goal.CFrame = door.CFrame + Vector3.new(0, 0, 5)
end
```

> **提示　你的 Vector3 数据可能不同**
>
> 以上代码为了简化演示，只是沿 z 轴方向移动门，你可能需要使用其他轴。如果要把此代码应用在朝多个不同方向摆放的门上，就需要使用相对坐标。

6. 创建一个 TweenInfo，将持续时间设为 1 秒、渐变样式设为 Linear、渐变方向设为 In。

代码清单 15-12

```
if prompt.Name == "SlidingDoorPrompt" then
    local door = prompt.Parent
    local goal = {}
    goal.CFrame = door.CFrame + Vector3.new(0, 0, 5)

    local tweenInfo = TweenInfo.new(
        1.0,
        Enum.EasingStyle.Linear,
        Enum.EasingDirection.In
    )
end
```

> **提示　自动补全**
>
> 当你输入枚举时，注意查看自动补全（见图 15.2）和提示（见图 15.3）。

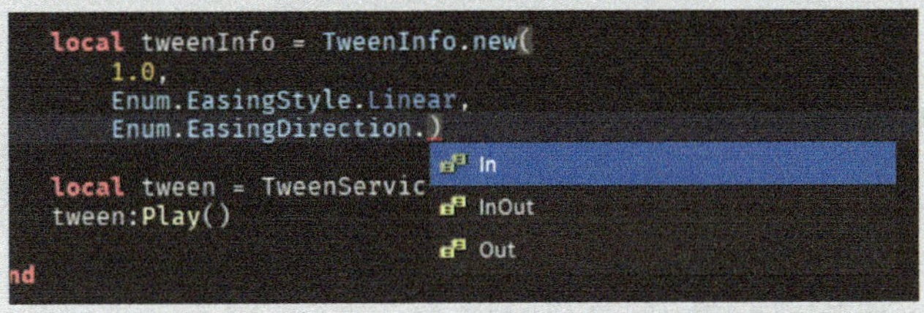

图 15.2　使用自动补全功能可以方便地填写 TweenInfo

```
local tweenInfo = TweenInfo.new(
    1.0,
    Enum.EasingStyle.Linear,
    Enum.EasingDirection.In,)
```
TweenInfo.new(number time, Enum.EasingStyle easingStyle, Enum.EasingDirection easingDirection, number repeatCount, bool reverses, number delayTime)

图15.3 查看提示来了解参数的顺序

7. 调用 TweenService:Create() 函数，参数分别是门、TweenInfo 和保存目标值的字典。

代码清单 15-13

```
if prompt.Name == "SlidingDoorPrompt" then
    local door = prompt.Parent
    local goal = {}
    goal.CFrame = door.CFrame + Vector3.new(0, 0, 5)
    
    local tweenInfo = TweenInfo.new(
        1.0,
        Enum.EasingStyle.Linear,
        Enum.EasingDirection.In
    )
    
    local openDoor = TweenService:Create(door, tweenInfo, goal)
end

ProximityPromptService.PromptTriggered:Connect(onPromptTriggered)
```

8. 播放渐变。

代码清单 15-14

```
local ProximityPromptService = game:GetService("ProximityPromptService")
local TweenService = game:GetService("TweenService")

local function onPromptTriggered(prompt, player)
    
    if prompt.Name == "SlidingDoorPrompt" then
        local door = prompt.Parent
        local goal = {}
        goal.CFrame = door.CFrame + Vector3.new(0, 0, 5)
        
        local tweenInfo = TweenInfo.new(
            1.0,
            Enum.EasingStyle.Linear,
            Enum.EasingDirection.In
```

```
        )

        local openDoor = TweenService:Create(door, tweenInfo, goal)
        openDoor:Play()
    end
end

ProximityPromptService.PromptTriggered:Connect(on PromptTriggered)
```

15.3 把渐变连接起来

一个渐变完成后，可能还需要执行第二个渐变，例如，希望门保持打开一段时间后使用第二个渐变关闭门。

这种情况需要使用渐变的 Completed 事件。等待第一个渐变的 Completed 事件触发，然后使用 wait() 等待一段时间，再使用第二个渐变来关闭门，代码如下。

代码清单 15-15
```
local ProximityPromptService = game:GetService("ProximityPromptService")
local TweenService = game:GetService("TweenService")

local DOOR_OPEN_DURATION = 2.0

local function onPromptTriggered(prompt, player)
    if prompt.Name == "SlidingDoorPrompt" then
        local door = prompt.Parent
        local openGoal = {}
        openGoal.CFrame = door.CFrame + Vector3.new(0, 0, 5)

        local closeGoal = {}
        closeGoal.CFrame = door.CFrame

        local tweenInfo = TweenInfo.new(
            1.0,
            Enum.EasingStyle.Linear,
            Enum.EasingDirection.In
        )

        local openDoor = TweenService:Create(door, tweenInfo, openGoal)
        local closeDoor = TweenService:Create(door, tweenInfo, closeGoal)
```

```
        -- 播放第一个渐变
        openDoor:Play()
        -- 等待 Completed 事件触发
        openDoor.Completed:Wait()
        -- 暂停，然后播放下一个渐变
        wait(DOOR_OPEN_DURATION)
        closeDoor:Play()
    end
end

ProximityPromptService.PromptTriggered:Connect(onPromptTriggered)
```

> **提示　不要忘记添加防抖功能**
> 上面的代码不包含防抖功能的实现，如果有人继续打开门，门可能会越来越远地向一侧移动。如果你想把此代码用在你的作品中，不要忘记添加防抖功能。

 总结

渐变可以平滑地把对象的属性变化为目标值。这一章的练习只演示了对一个属性进行控制，你可以根据需要向字典中添加任意数量的属性。

创建渐变的步骤如下。

1. 获取 TweenService。
2. 获取渐变的对象。
3. 配置 TweenInfo 信息。
4. 创建目标值的字典。
5. 把对象、TweenInfo、目标值字典传入 Create() 函数。

```
local tween = TweenService:Create(part, tweenInfo, goal)
```

6. 播放渐变。

如果你不记得函数参数的顺序，可以查看提示。要把渐变恢复到原来的状态，可以设置反转，或者监听 Completed 事件来把渐变连接起来。

实践

回顾所学知识，完成测验。

测验

1. 要使用渐变，需要获取什么服务？

2. 可以在渐变中使用 CFrame 吗？
3. 判断对错：函数里不使用的参数可以直接跳过。
4. 判断对错：一个渐变只能使用一个属性。
5. 判断对错：渐变配置完成后会自动播放。

答案

1. TweenService。　2. 可以，渐变可以同时使用多个属性，包括 CFrame。　3. 错的，虽然不需要为每个参数都传递一个值，但不能跳过参数。　4. 错的，可以在同一个渐变里使用多个属性。5. 错的，渐变配置好后需要手动播放。

练习

在本练习中，使 SpotLight（聚光灯）的颜色具有渐变效果（见图 15.4），让它无限循环地逐渐变化。

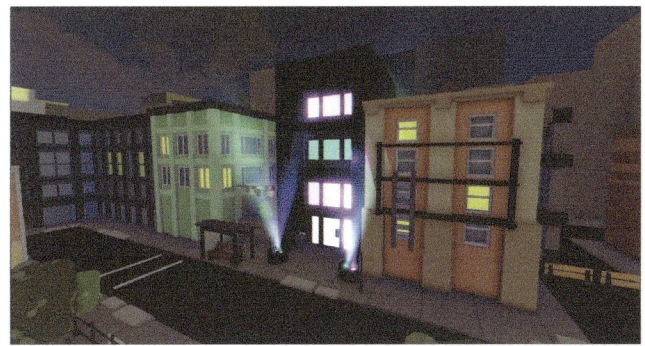

图15.4　变色聚光灯

提示

▶　只需要使用一个渐变。

第 16 章

使用算法处理问题

在这一章里你会学习：
- 如何定义算法；
- 算法的3个主要特点是什么；
- 如何对数组进行排序；
- 如何对字典进行排序。

这一章介绍算法。我们将使用罗布乐思 Studio 的内置排序算法来练习，以便更好地理解算法的概念。你可以使用排序算法对商店中的商品进行价格从低到高的排序，或者对 FPS（First-person Shooting Game，第一人称射击）游戏中的玩家根据击杀数量进行排序。

16.1 算法的定义

算法是解决问题的精确的指令。实际上，在本书的学习中，你已经创建了许多算法，例如，当玩家角色踩到陷阱时，计算其剩余生命值的算法；当玩家角色触碰某个部件时，计算其获得的奖励的算法。

一个函数要成为一个算法，需要具有以下 3 个特点。

1. 输入信息，通常是通过参数。
2. 把信息通过有序的步骤进行处理。
3. 输出处理结果。

下面使用一个非常简单的算法来作为示例，解决的问题是：两个数字相除。

问题：两个数字相除的结果是多少？

代码清单 16-1
```
local x = 20
local y = 9

-- 返回两个数字相除的结果
local function divide(first, second)
    return first / second
end

local result = divide(x,y)
print(result)
```

在这个示例代码中，函数包含以下特点。

1. 通过参数传入两个数字。
2. 把两个数字相除。
3. 返回相除的结果。

算法可以反复用于不同的输入，就像上面的函数可以输入任意两个数字参数。大多数算法都会有比上面的示例更多的处理步骤，但步骤不是无限多的。代码要为问题提供解决方案，才能成为真正的算法。

16.2 对数组进行排序

对事物进行排序是一个典型的算法，例如把名称、对象或数字的列表按顺序排列。在罗布乐思作品中，这些信息通常存储在字典或数组中。

下面从数组开始示范，**table.sort(arrayName)** 使用排序算法把数组中的值按数字或字母顺序排列。

▼ 小练习

对名称数组进行排序

本例将按字母的顺序对一个名称数组进行排序，然后把它输出。

1. 创建一个包含3个名字的数组。

代码清单 16-2
```
local nameArray = {"Cat", "Mei", "Ana"}
```

2. 把数组的名字传入 table.sort()。

代码清单 16-3

```
local nameArray = {"Cat", "Mei", "Ana"}
table.sort(nameArray)
```

3. 输出处理后的数组。

代码清单 16-4

```
local nameArray = {"Cat", "Mei", "Ana"}
table.sort(nameArray)
print(nameArray)
```

输出窗口中的表显示为小三角形，如图 16.1 所示。

输出
所有消息
所有语境
筛选......
11:40:09.293 ▶ {...} - 服务器 - Script:3

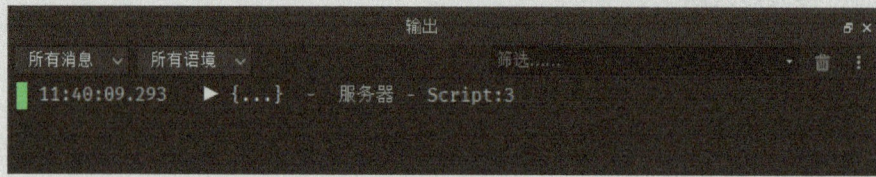

图16.1　小三角形表示表的折叠视图

提示　显示表的小三角形折叠视图

如果输出窗口中的表没有显示为小三角形，可以单击输出窗口右上角的菜单图标，然后取消勾选“记录模式”。

单击小三角形可以展开整个表来查看，如图 16.2 所示。

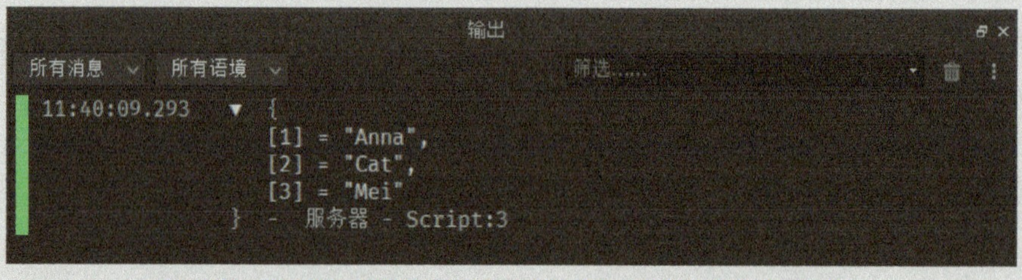

输出
所有消息
所有语境
筛选......
11:40:09.293 ▼ {
[1] = "Anna",
[2] = "Cat",
[3] = "Mei"
} - 服务器 - Script:3

图16.2　排序的表被展开显示，注意查看数组左边的索引值

可以使用相同的方法来排列数值，下面的代码按升序对数组进行排序，输出结果如图 16.3 所示。

代码清单 16-5
```
local testArray = {5, 2, 2, 10}
table.sort(testArray)
print(testArray)
```

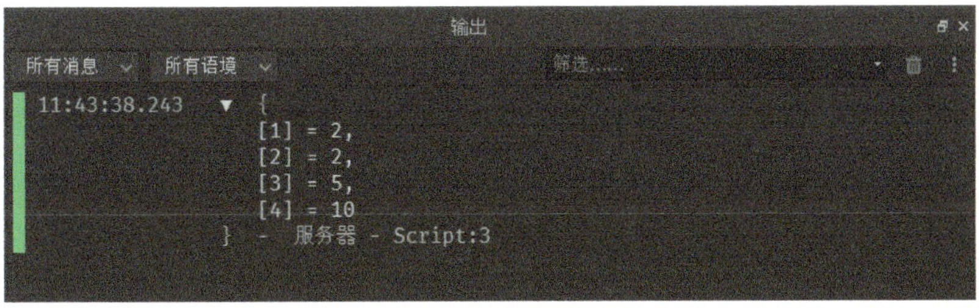

图16.3 显示排序后的数组的结果

注意　排序时要小心数字和字符串的混合使用
　　如果对混合数据类型的数组（例如数字和字符串）进行排序，会产生错误。

代码清单 16-6
```
-- 字符串和数字不能互相比较
local mixedArray = {5, "Frog", 2, 10}
```

可以使用 tostring() 把数字类型转换为字符串类型，但要注意，这会令 table.sort() 按字母的顺序进行排序，如下所示。

代码清单 16-7
```
-- 转换为字符串的数字将会按字符的顺序排序
local stringArray = {"10", "2", "5", "Frog"}
```

16.3　按降序进行排序

前面示例中的字符串和数字都是按升序进行排序的，但通常得分最高的玩家才是最重要的，可以使用 table.sort() 的第二个参数控制表的排序形式。

table.sort() 用于遍历整个数组，一次比较其中两个值。默认情况下，该函数使用小于运算符（<）比较两个值，使较小的数字排在第一位。

要自定义排序算法，需要创建一个用于比较两个值的函数，然后把函数与数组一起作为参数传入，如以下代码所示，本示例使用了大于（>）运算符，因此较大的值会排在前面。

代码清单 16-8

```lua
-- 首先，创建数组
local testArray = {5, 2, 2, 10}

-- 然后，创建一个函数来确定如何比较两个值
local function DescendingSort(a, b)
    return a > b
end

-- 最后，把函数和数组一起传给 table.sort()
table.sort(testArray, DescendingSort)
print(testArray)
```

代码的执行结果如图 16.4 所示。

图16.4 数组现在按降序排列

16.4 对字典进行排序

注意，Lua 的字典是不能保证顺序的。它们有时可能会按顺序执行，但有时不会，所以你不能依赖字典的顺序。换句话说，实际上无法对字典进行排序。

但可以把字典转换为数组，如表 16-1 所示，左侧是未排序的字典，右侧是字典转换成的数组。后文会介绍将字典转换为数组的方法。

表16-1 字典转换为数组

未排序的字典	未排序的字典数组

`local IngredientDictionary = {`
`    healthBerry = 10,`
`    staminaOnion = 5,`
`    speedPepper = 1,`
`}`
	`local sortingArray = {`
	`    {name = "healthBerry", amount = 10},`
	`    {name = "staminaOnion", amount = 5},`
	`    {name = "speedPepper", amount = 1},`
	`}`

请注意，在表 16-1 中，右侧的是一个数组，但每个值本身是一个字典。数组可以包含任何数据类型，包括字典，这样就可以对原字典中的内容进行排序。

16.4 对字典进行排序

按名称排序后，数组可能如下所示。

代码清单 16-9
```lua
local sortingArray = {
    {name = "healthBerry", amount = 10},
    {name = "speedPepper", amount = 1},
    {name = "staminaOnion", amount= 5},
}
```

▼ 小练习

找出得分最高的玩家

创建一个包含玩家名字和得分的字典，把字典转换为数组，然后创建一个更具体的用于比较的函数，把转换出的数组和比较函数传入排序函数。

1. 创建一个包含 4 个玩家及其得分的字典，示例如下。

代码清单 16-10
```lua
local playerScores = {
    Ariel = 10,
    Billiere = 5,
    Yichen = 4,
    Kevin = 14,
}
```

2. 创建一个数组来保存排序后的结果。

代码清单 16-11
```lua
local playerScores = {
    Ariel = 10,
    Billiere = 5,
    Yichen = 4,
    Kevin = 14,
}

local sortedArray = {}
```

3. 使用 pairs() 遍历原始字典，把每个键值对作为一个小的独立字典插入数组中。

代码清单 16-12
```lua
-- 上部分的代码

local sortedArray = {}
```

```lua
-- 遍历字典，把每个键值对插入数组中
for key, value in pairs(playerScores) do
    table.insert(sortedArray, {playerName = key, points = value})
end
```

4. 创建用于比较的函数，这次是比较得分，把得分最高的排在第一位。

代码清单 16-13
```lua
-- 上部分的代码
local function sortByMostPoints(a, b)
    return a.points > b.points
end
```

提示　使用点号获取字典的键

在排序时，算法会使用比较函数来比较两个值，本例中，每个值是一个字典，所以可以使用点号获取对应的键。

---

5. 把数组和比较函数传入 table.sort()，输出排序结果。

代码清单 16-14
```lua
local playerScores = {
    Ariel = 10,
    Billiere = 5,
    Yichen = 4,
    Kevin = 14,
}

local sortedArray = {}

-- 遍历字典，把每个键值对插入数组中
for key, value in pairs(playerScores) do
    table.insert(sortedArray, {playerName = key, points = value})
end

-- 创建比较函数
local function sortByMostPoints(a, b)
    return a.points > b.points
end

-- 传入数组和比较函数
table.sort(sortedArray, sortByMostPoints)
print(sortedArray)
```

16.5 按多条信息进行排序

排序算法还可以按多条信息进行排序，假设在一个幻想的世界里，进入商店可以购买多种武器，如表 16-2 所示。

表16-2 未排序的武器

武器名称	武器类型	价格
Iron Sword	Sword	250
Light Bow	Bow	150
Training Sword	Sword	100
Dwarven Axe	Axe	300
The Galactic Slash	Sword	500

在未分类的信息中很难找到想要的内容，为了更方便购物，你可能希望按类型排列武器，并且按价格排序，如表 16-3 所示。

表16-3 排序后的武器

武器名称	武器类型	价格
Dwarven Axe	Axe	300
Light Bow	Bow	150
Training Sword	Sword	100
Iron Sword	Sword	250
The Galactic Slash	Sword	500

在代码中，原始数组如下所示。

代码清单 16-15

```
-- 原始数组
local inventory = {
    {name = "Iron Sword",weaponType = "Sword", price = 250},
    {name = "Light Bow",weaponType = "Bow", price = 150},
    {name = "Training Sword",weaponType = "Sword", price = 100},
    {name = "Dwarven Axe",weaponType = "Axe", price = 300},
    {name = "The Galactic Slash",weaponType = "Sword", price = 500},
}
```

因为这已经是一个数组，所以不需要对它进行转换，只需要编写比较函数即可。首先比较类型，如果类型相同，就比较价格。

代码清单 16-16

```lua
-- 按武器类型排序，然后按价格排序
local function sortByTypeAndPrice(a, b)

    return (a.weaponType < b.weaponType)
    or (a.weaponType == b.weaponType and a.price < b.price)
end
```

> **提示　不能使用关键字作为键的名称**
>
> type 本身是一个关键字，所以应使用 weaponType 这样的字符串作为键的名称，而不要使用 type。

最后，把数组和比较函数都传给 table.sort()，输出排序后的结果。

代码清单 16-17

```lua
table.sort(inventory, sortByTypeAndPrice)
print(inventory)
```

总结

排序算法有多种，每一种都有其优点和缺点。罗布乐思的 table.sort() 使用的是快速排序算法。如果你想了解更多排序算法，或想编写自己的算法，网上有很多关于排序算法的资料可供参考。

实践

回顾所学知识，完成测验。

测验

1. 什么是算法？
2. 算法的 3 个特点是什么？
3. table.sort() 的第一个参数是什么？
4. table.sort() 的第二个可选参数是什么？
5. 如果要使用 table.sort() 列出使用时间最短的玩家，使用_____。
6. 判断对错：字典也可以使用 table.sort() 进行排序。

答案

1. 算法是解决问题的特定指令。　2. 输入信息、把信息经过一组有序的步骤进行处理、输出处理结果。　3. 要排序的数组的名称。　4. 自定义的比较函数。　5. 小于运算符（<）。　6. 错的，字典在排序之前需要转换为数组。

📋 练习

竞技游戏中常见的统计数据是玩家的击杀数、死亡数和助攻数（辅助其他玩家击杀的数量）。以如下字典为例，根据击杀数对其进行排序，如果击杀数相同，就优先考虑助攻数。

提示

▶ 字典里包含 3～5 名不同的玩家，并且其中一些玩家的击杀数相同。你也可以直接使用以下示例字典。

代码清单 16-18
```
local playerKDA = {
    Anna = {kills = 0, deaths = 2, assists = 20},
    Beth = {kills = 7, deaths = 5, assists = 0},
    Cat = {kills = 7, deaths = 0, assists = 5},
    Dani = {kills = 5, deaths = 20, assists = 8},
    Ed = {kills = 1, deaths = 1, assists = 8},
}
```

▶ 需要把字典转换为数组。
▶ 在数组创建之后和排序之前都输出数组，这样可以很好地辅助排查问题，并且可以用于确认排序结果是否符合预期。

可以在附录查看参考代码。

第 17 章

保存数据

在这一章里你会学习：
- 如何打开数据存储的设置项；
- 如何保存数据；
- 如何使用受保护调用保护数据；
- 如何保存玩家数据；
- 如何获取和更新保存的数据。

如果没有一个机制来保存数据，玩家在游戏中获得的东西和完成的关卡等数据都会在玩家离开游戏后丢失。例如，当玩家离开游戏后，玩家的积分、金币和已购买的商品都会丢失。这一章介绍如何保存数据，避免玩家在离开游戏后丢失数据。

游戏的数据保存在一个特殊表中，通常是在数据存储中。数据存储就像字典，它的键和值存储在云端。这一章会制作一个箱子，并记录它被单击的次数；然后介绍如何把玩家数据丢失的可能性降到最低。

17.1 打开数据存储的设置项

数据存储只能用于保存位于罗布乐思云端的作品。要使用数据存储，需要为作品配置安全设置。

1. 把作品发布到罗布乐思云端，而不只是保存在本地计算机上。
2. 在"首页"选项卡中单击"游戏设置"。
3. 选择"安全"，打开"允许 Studio 访问 API 服务"，然后保存并退出"游戏设置"。

17.2 创建数据存储

打开数据存储后，可以在脚本中获取 DataStoreService，然后使用 GetDataStore ("DataStoreName") 创建和获取各个数据存储。

代码清单 17-1
```
local DataStoreService = game:GetService("DataStoreService")
local dataStoreName= DataStoreService:GetDataStore("DataStoreName")
```

使用 GetDataStore("DataStoreName") 可以获取对应的数据存储，如果数据存储不存在，就会使用这个名称创建一个数据存储。

17.3 使用数据存储

数据存储类似于字典，所有数据都使用键值对存储。可以使用 dataStoreName.SetAsync("KeyName", value) 来创建和更新键值对，使用 dataStoreName.GetAsync("KeyName") 获取键对应的值。

代码清单 17-2
```
local DataStoreService = game:GetService("DataStoreService")
local dataStoreName = DataStoreService:GetDataStore("DataStoreName")

-- 更新数据存储中的键值对，或者创建新的键值对
local updateStat = dataStoreName:SetAsync("StatName", value)

-- 使用键名从数据存储中查找信息
local storedStat = dataStoreName:GetAsync("StatName")
```

注意，如果键对应的值已经存在，SetAsync() 就会覆盖该键对应的值。一旦覆盖，原来的值就消失了，这是为了确保键名的唯一性。

▼ **小练习**

记录被单击的次数

数据存储可以保存任何类型的数据。这个小练习将创建数据存储来记录箱子被单击的次数（见图 17.1）。不能过于频繁地更新数据存储，因为频繁更新会导致游戏卡顿或者保存失败。所以使用 while 循环来实现每隔一段时间更新一次数据存储。

第 17 章 保存数据

本练习需要一个带有 TextLabel 的部件，可以按照以下步骤操作。
1. 创建部件或网格并命名为 ClickCrate。
2. 在 ClickCrate 里创建 SurfaceGui。
3. 在 SurfaceGui 里面创建一个 TextLabel，命名为 ClickDisplay。
4. 选择 ClickCrate，在里面创建一个邻近提示对象，并命名为 CratePrompt。
项目管理器中的层级结构如图 17.2 所示。

图17.1 箱子显示它被单击了多少次

图17.2 项目管理器中的层级结构

CrateManager

需要使用两个脚本，第一个脚本用于管理邻近提示对象和更新数据存储，第二个脚本用于显示单击次数。
1. 在 ServerScriptService 中创建一个 Script，并命名为 CrateManager。
2. 获取 ProximityPromptService 和 DataStoreService。
3. 创建一个名为 CrateData 的数据存储。

代码清单 17-3
```
local ProximityPromptService = game:GetService("ProximityPromptService")
local DataStoreService = game:GetService("DataStoreService")
local crateData = DataStoreService:GetDataStore("CrateData")
```

4. 创建两个常量：一个是玩家单击邻近提示的频次，另一个是更新数据存储的频次。

代码清单 17-4
```
local DISABLED_DURATION = 0.1
local SAVE_FREQUENCY = 10.0
```

5. 从数据存储中获取目前累计的单击次数，如果还没有数据，就从 0 开始。

代码清单 17-5

```
local DISABLED_DURATION = 0.1
local SAVE_FREQUENCY = 10.0

-- 获取 totalClicks 的当前值，如果不存在，就把它设为 0
local totalClicks = crateData:GetAsync("TotalClicks") or 0
```

6. 编写连接到邻近提示的 PromptTriggered 事件的函数。

代码清单 17-6

```
local function onPromptTriggered(prompt, player)
    if prompt.Name == "CratePrompt" then
        prompt.Enabled = false
    end
end

ProximityPromptService.PromptTriggered:Connect(onPromptTriggered)
```

7. 每次玩家单击后，更新 totalClicks 和显示的文字。

代码清单 17-7

```
-- 获取 totalClicks 的当前值，如果不存在，就把它设为 0
local totalClicks = crateData:GetAsync("TotalClicks") or 0

local function onPromptTriggered(prompt, player)
    if prompt.Name == "CratePrompt" then
        prompt.Enabled = false

        local crate = prompt.parent
        local clickDisplay = crate:FindFirstChild("ClickDisplay", true)
        totalClicks = totalClicks + 1
        clickDisplay.Text = totalClicks

        wait(DISABLED_DURATION)
        prompt.Enabled = true
    end
end

ProximityPromptService.PromptTriggered:Connect(onPromptTriggered)
```

> **提示** 搜索子对象的子对象
>
> 添加 true 作为 FindFirstChild() 的第二个参数，函数就会遍历对象的所有子对象，并且会遍历子对象的子对象来查找需要的内容。

8. 使用 while 循环，每隔一段时间更新一次数据存储。

代码清单 17-8

```lua
local ProximityPromptService = game:GetService("ProximityPromptService")
local DataStoreService = game:GetService("DataStoreService")
local crateData = DataStoreService:GetDataStore("CrateData")

local DISABLED_DURATION = 0.1
local SAVE_FREQUENCY = 10.0

-- 获取 totalClicks 的当前值，如果不存在，就把它设为 0
local totalClicks = crateData:GetAsync("TotalClicks") or 0

local function onPromptTriggered(prompt, player)
    if prompt.Name == "CratePrompt" then
        prompt.Enabled = false

        local crate = prompt.parent
        local clickDisplay = crate:FindFirstChild("ClickDisplay", true)

        totalClicks = totalClicks + 1
        clickDisplay.Text = totalClicks

        wait(DISABLED_DURATION)
        prompt.Enabled = true
    end
end

ProximityPromptService.PromptTriggered:Connect(onPromptTriggered)

-- 每隔一段时间更新一次数据存储
while wait(SAVE_FREQUENCY) do
    crateData:SetAsync("TotalClicks", totalClicks)
end
```

箱子的脚本

该脚本用于在玩家单击箱子之前更新箱子的显示文本。

1. 选择箱子，创建 Script。
2. 获取 DataStoreService 和刚刚创建的数据存储。
3. 创建变量引用箱子和 TextLabel。

代码清单 17-9
```
local DataStoreService = game:GetService("DataStoreService")
local crateData = DataStoreService:GetDataStore("CrateData")

local crate = script.Parent
local clickDisplay = crate:FindFirstChild("ClickDisplay", true)
```

4. 创建一个常量保存默认值，以防箱子未被单击。

代码清单 17-10
```
local DEFAULT_VALUE = 0
```

5. 从数据存储中获取当前的单击次数。

代码清单 17-11
```
local DEFAULT_VALUE = 0
local totalClicks = crateData:GetAsync("TotalClicks")
```

6. 更新 TextLabel 来显示当前的累计数，如果没有获取到 totalClicks 的值，就显示默认值。

代码清单 17-12
```
local DataStoreService = game:GetService("DataStoreService")
local crateData = DataStoreService:GetDataStore("CrateData")

local crate = script.Parent
local clickDisplay = crate:FindFirstChild("ClickDisplay", true)

local DEFAULT_VALUE = 0
local totalClicks = crateData:GetAsync("TotalClicks")

clickDisplay.Text = totalClicks or DEFAULT_VALUE
```

测试游戏，然后停止测试，再开始测试，可以看到箱子上显示的最新的累计单击次数，可能需要等待一秒箱子才会更新显示。

> 提示　确保使用唯一的键名
>
> 注意，数据存储中的键名必须是唯一的。如果复制了箱子，那么单击任何一个箱子都会把单击次数加到总数中。如果你希望保存每个箱子各自独立的单击次数，就需要让每个箱子都使用不同的键名。

17.4　调用频次限制

SetAsync() 和 GetAsync() 都是通过网络调用的，如果网络连接不稳定，或者调用频次大于网络可以处理的数量，就会有风险。这就是为什么要使用 while 循环来更新数据存储，而不是每次玩家单击都更新。

数据存储的每次调用请求都会添加到队列中，队列的位置有限，队列满后，就不会再接受其他请求。更新数据存储的好时机是玩家加入游戏、离开游戏和服务器关闭时。

17.5　保护你的数据

为了确保网络请求不丢失，除了减少调用频次，还可以使用受保护调用 pcall()。受保护调用会检查网络请求是否通过，如果调用不成功，就会返回错误信息来帮助你查找产生问题的原因。

pcall() 的参数是一个函数，调用后返回两个值，第一个值是布尔类型，表示调用是否成功，第二个值是返回的错误信息。

代码清单 17-13

```
local setSuccess, errorMessage = pcall(functionName)
```

pcall() 的参数是函数，如果你不想预先创建函数，可以使用匿名函数。

代码清单 17-14

```
local setSuccess, errorMessage = pcall(function()
    dataStoreName:SetAsync(key, value)
end)
```

可以使用返回值来判断调用是否成功。本例中，如果 setSuccess 为 false，就会输出错误信息。

代码清单 17-15

```
if not setSuccess then
    print(errorMessage)
end
```

修改 while 循环，如下所示。

代码清单 17-16

```
-- 每隔一段时间更新一次数据存储
while wait(SAVE_FREQUENCY) do
    local setSuccess, errorMessage = pcall(function()
        crateData:SetAsync("TotalClicks", totalClicks)
    end)

    if not setSuccess then
        print(errorMessage)
    else
        print("Current Count:")
        print(crateData:GetAsync("TotalClicks"))
    end
end
```

17.6 保存玩家数据

如果要保存玩家数据，需要注意的是，玩家的名字可能会变，所以更保险的方法是使用 playerID（玩家唯一码）来保存玩家数据。可以使用以下代码来获取玩家的 playerID。

代码清单 17-17

```
local Players = game:GetService("Players")

local function onPlayerAdded(player)
    local playerKey = "Player_" .. player.UserId
end

Players.PlayerAdded:Connect(onPlayerAdded)
```

17.7 使用UpdateAsync更新数据存储

如果可能有多个服务器同时访问同一个数据存储，就需要使用 UpdateAsync() 来更新数据，UpdateAsync() 的使用方法类似于 SetAsync()。如果要更新与罗宝[1]相关的数

---

[1] 罗宝是罗布乐思的通用货币。——译者注

据，或者你的作品有很多玩家同时在线，就需要使用 UpdateAsync() 来更新数据。调用 UpdateAsync() 会把键的值替换为新值，并返回键的旧值。

下面代码中的蓝色高亮部分是 pcall()。

代码清单 17-18

```
local updateSuccess, errorMessage = pcall(function()
    pointsDataStore:UpdateAsync(playerKey, function(oldValue)
        local newValue = oldValue or 0
        newValue = newValue + GOLD_ON_JOIN
        return newValue
    end)
end)
```

正常获取数据存储，然后使用 UpdateAsync()，键作为其第一个参数。

代码清单 17-19

```
local updateSuccess, errorMessage = pcall(function()
    pointsDataStore:UpdateAsync(playerKey, function(oldValue)
        local newValue = oldValue or 0
        newValue = newValue + GOLD_ON_JOIN
        return newValue
    end)
end)
```

第二个参数为函数，这个函数传入旧值作为参数，返回更新后的值。你可以预先创建函数，也可以使用匿名函数，如下所示。

代码清单 17-20

```
local updateSuccess, errorMessage = pcall(function()
    pointsDataStore:UpdateAsync(playerKey, function(oldValue)
        local newValue = oldValue or 0
        newValue = newValue + GOLD_ON_JOIN
        return newValue
    end)
end)
```

总结

你现在可以保存数据了，可以开发更完善的作品。你可以保存任何需要保存的数据。在 RPG（Role-Playing Game，角色扮演游戏）中，你可以保存玩家的技能等级、武器伤害和库存数量。在竞技游戏中，你可以保存玩家的排名和击杀数。你还可以记录玩家是否购买了游戏中的物品，例如宠物和武器等。

数据存储功能很强大，并且方便易用，只需要使用唯一的键名，并使用 pcall() 确认保存和获取数据是否成功。如果玩家购买的东西丢失了，他们会很愤怒。要想避免在作品中发生这样的事情，可以使用数据存储。

问答

问 你还可以使用哪些方法来保存和更新玩家数据？
答 除了使用 SetAsync() 之外，还可以使用 UpdateAsync() 和 IncrementAsync() 等附加函数。当你开发复杂的作品时，尤其是处理罗宝相关的事情时，强烈建议使用 UpdateAsync()，虽然这样会增加一些工作量，但可以更好地保护数据。在罗布乐思开发者官方网站可以了解更多这些附加函数的信息。
问 怎么才能知道 pcall() 返回的错误是什么意思？
答 可以在罗布乐思开发者官方网站查找常见的错误列表和数据存储的调用频次限制。

实践

回顾所学知识，完成测验。

测验

1. 如何获取存储的数据？
2. pcall() 中的 p 代表什么？
3. 什么时候需要使用 pcall()？
4. 数据存储中保存的两个信息是什么？
5. 如果可能有多台服务器同时更新数据存储，应该使用 SetAsync() 还是 UpdateAsync()？

答案

1. local dataStoreName= DataStoreService:GetDataStore("DataStoreName")。 2. 代表 Protected，即受保护的。 3. 每次从数据存储读取或更新数据时，都应该使用 pcall()。 4. 一个键和一个值。 5. UpdateAsync()。

练习

根据这一章介绍的内容，开发一个功能：每当玩家打开游戏时，奖励他 5 个金币。可以在排行榜上显示玩家的金币数量，本练习只要求玩家金币数量更新后，把金币数量在输出窗口输出。

提示
▶ 需要使用玩家的 playerID 来保存玩家数据，而不是玩家的名字。
▶ 在读取和更新数据存储时，不要忘记检查是否成功。

第 18 章

创建游戏循环

在这一章里你会学习：
- 如何制作一个简单的游戏循环；
- 如何使用BindableEvent（可绑定事件）；
- 为什么需要更多地练习组织代码和资源。

本章介绍游戏循环的概念。你将会学习如何制作一个简单的回合制游戏，在游戏中把玩家传送到竞技场，然后在一定时间后再将其传送回来。你需要使用目前所学的知识，还需要一项新知识：BindableEvent。

本章还将讲解如何组织游戏世界的资源和脚本，并通过实践来展示如何组织Workspace里的事物和代码。

18.1 设计游戏循环

游戏循环是玩家在罗布乐思作品中的行为流程，游戏世界中的玩家可能会经历多种循环，以下是一些例子。
- 在收获模拟器的游戏中，游戏循环是收获物品、出售物品、购买更大的背包或更好用的铲子，然后收获更多物品。
- 在竞技游戏中，游戏循环可能是把玩家从大厅传送到竞技场去比赛15分钟，比赛结束后，把玩家传送回大厅，准备下一场比赛。
- 在探索世界的游戏中，玩家可能通过烹饪、采矿和狩猎等循环来提升他们的装备和技能。

▶ 在教育类作品中，玩家可能会进行虚拟解剖，记录他们的发现，然后跟另一个有机体比较差异。

设计的游戏循环需要是玩家自然想要的循环。本章将制作的是一个简单的回合制游戏。玩家将从大厅被传送到竞技场，进入竞技场后，他们有一定的时间来完成一个以月球为主题的跑酷游戏，然后再被传送回大厅。

如果你后续想增加玩家之间的竞争、解谜或收集物品等元素，可以扩展这个游戏循环。

18.2 使用BindableEvent

这个项目需要在游戏循环的各个阶段发出一些事件。可以使用 BindableEvent 发出这些事件，它类似于 RemoteEvent。BindableEvent 和 RemoteEvent 的差异在于，BindableEvent 是在服务器内或客户端内通信的，而 RemoteEvent 是跨客户端与服务器通信的。

服务器使用的 BindableEvent 应该放在 ServerStorage 中。在 ServerStorage 中，最好的做法是创建不同的文件夹来分别存放不同类型的对象，这样可以让文件结构条理清晰。图 18.1 显示了存放 BindableEvent 的文件夹和存放 ModuleScript 的文件夹。

图18.1 存放BindableEvent的文件夹和存放ModuleScript的文件夹

BindableEvent 使用 EventName:Fire() 来触发。

触发 BindableEvent 的事件叫 Event。可以跟平常的用法一样把函数连接到事件。

代码清单 18-1

```
EventName.Event:Connect(functionName)
```

▼ 小练习

制作一个简单的游戏循环

本章将制作一个月球主题的作品，同时介绍如何有条理地组织脚本和资源。首先，制作两个区域：大厅和竞技场。你可以根据需要选择制作得精美或者简单。图 18.2 左侧图展示了一个精致的大厅和竞技场；右侧图则为一个简单的大厅和竞技场。

第 18 章 创建游戏循环

图18.2 竞技场上方的塔楼是大厅（左侧），简单的部件用来标记大厅和竞技场（右侧）

然后，创建 BindableEvent 来标记每一轮循环的开始和结束，并且编写代码来实现简单的游戏循环。

本章的重点是组织资源和脚本，包括组织游戏世界中的资源。把大厅和竞技场的资源存放在各自的文件夹中，并且创建它们各自的重生点。

1. 制作大厅和竞技场两个区域，如图 18.2 所示。
2. 把这两个区域里的资源分别存放在 Arena 和 Lobby 文件夹中（见图 18.3）。
3. 在 Lobby 文件夹中创建一个 SpawnLocation（重生点），并命名为 StartSpawn，然后在 Arena 文件夹中也创建一个 SpawnLocation（见图 18.4）。SpawnLocation 用于来回传送玩家。

图18.3 大厅和竞技场的资源应该分别存放在两个文件夹里

图18.4 创建SpawnLocation

> **提示** 根据需要创建其他文件夹
>
> 从图 18.4 中可以看到一个名为 Environment 的附加文件夹，所有的环境部件都会存放在这个文件夹里。你不一定要这样做，但这样做比较好。

4. 在 ServerStorage 中创建一个名为 Events 的文件夹（见图 18.5）。

5. 在 Events 文件夹中创建两个 BindableEvent，一个命名为 RoundStart，另一个命名为 RoundEnd（见图 18.6）。

图18.5　在ServerStorage中创建一个名为Events的文件夹

图18.6　在Events文件夹中创建两个BindableEvent

提示　游戏世界主题

如果你希望游戏有类似月球的感觉，可以在"游戏设置"→"世界"中修改重力参数值。

RoundSettings（回合配置信息）

可以将每轮游戏持续的时间和开始游戏需要的玩家数量等基本配置信息提取到 ModuleScript 中。这样可以方便修改这些配置信息，并且可以让共同开发的合作者更容易了解这些配置信息。

1. 在 ServerStorage 中创建一个文件夹，并命名为 ModuleScripts。
2. 在该文件夹中创建一个 ModuleScript，并命名为 RoundSettings（见图 18.7）。

图18.7　已创建的ModuleScripts文件夹和RoundSettings模块脚本

3. 创建变量保存回合之间的休息时间、每回合持续的时间和开始游戏要求的最少玩家数量。不要忘记重命名表。

代码清单 18-2
```lua
local RoundSettings = {}

-- 游戏配置信息
RoundSettings.intermissionDuration = 5
RoundSettings.roundDuration = 15
RoundSettings.minimumPeople = 1

return RoundSettings
```

RoundManager（回合管理器）

循环脚本会执行在服务器端。当循环脚本执行时，会在某些时间触发事件，然后使用一个单独的 ModuleScript 来监听这些事件。

1. 在 ModuleScripts 文件夹中创建一个 ModuleScript，并命名为 PlayerManager（见图 18.8）。
2. 在 ServerScriptService 中创建一个 Script，并命名为 RoundManager（见图 18.9）。

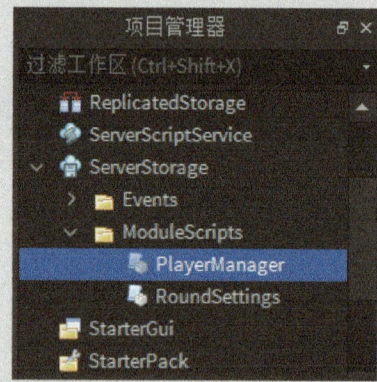

图18.8　在ModuleScripts文件夹中创建名为PlayerManager的ModuleScript

图18.9　在ServerScriptService中创建名为RoundManager的Script

3. 获取服务。

代码清单 18-3
```lua
-- 服务
local ServerStorage = game:GetService("ServerStorage")
local Players = game:GetService("Players")
```

18.2 使用 BindableEvent

4. 创建变量来引用 ModuleScripts 文件夹和两个 ModuleScript。

代码清单 18-4
```
-- 模块脚本
local moduleScripts = ServerStorage.ModuleScripts
local playerManager = require(moduleScripts.PlayerManager)
local roundSettings = require(moduleScripts.RoundSettings)
```

5. 获取两个 BindableEvent：RoundStart 和 RoundEnd。

代码清单 18-5
```
-- 事件
local events = ServerStorage.Events
local roundStart = events.RoundStart
local roundEnd = events.RoundEnd
```

6. 创建一个 while true do 循环，等待 ModuleScript 中配置的合适数量的玩家加入游戏后，触发 RoundStart 事件。

代码清单 18-6
```
-- 执行游戏循环
while true do
    repeat
        wait(roundSettings.intermissionDuration)
    until Players.NumPlayers >= roundSettings.minimumPeople
    roundStart:Fire()
    wait(roundSettings.roundDuration)
    roundEnd:Fire()
end
```

> **提示** repeat-until 的满足条件
> 前文经常使用 while 循环，它会一直执行，直到条件变为 false。本练习中使用了 repeat-until 循环，效果刚好相反，它会一直执行，直到条件变为 true。在本练习中，循环的条件是最小数量的玩家加入游戏。

7. 等待 RoundSettings 中配置的回合持续时间，然后触发 RoundEnd 事件，完整的脚本如下。

代码清单 18-7
```
-- 服务
local ServerStorage = game:GetService("ServerStorage")
```

```lua
local Players = game:GetService("Players")

-- 模块脚本
local moduleScripts = ServerStorage.ModuleScripts
local playerManager = require(moduleScripts.PlayerManager)
local roundSettings = require(moduleScripts.RoundSettings)

-- 事件
local events = ServerStorage.Events
local roundStart = events.RoundStart
local roundEnd = events.RoundEnd

while true do
    repeat
        wait(roundSettings.intermissionDuration)
    until Players.NumPlayers >= roundSettings.minimumPeople
    roundStart:Fire()
    wait(roundSettings.roundDuration)
    roundEnd:Fire()
end
```

这是不断重复执行的循环,现在可以监听触发的事件来给回合添加功能。

PlayerManager(玩家管理器)

这里用于编写游戏的核心功能代码。玩家开始和结束回合时需要处理的所有事情的代码都编写在这里。你可以给玩家分发武器、分配队伍、记录得分,或者做任何你能想到的事情。目前,我们只需要实现把玩家传送到大厅和传送出大厅。

1. 获取服务。

代码清单 18-8

```lua
local PlayerManager = {}

-- 服务
local Players = game:GetService("Players")
local ServerStorage = game:GetService("ServerStorage")

return PlayerManager
```

2. 创建大厅重生点、竞技场地图和竞技场重生点等变量。

代码清单 18-9

```lua
local PlayerManager = {}

-- 服务
```

```lua
local Players = game:GetService("Players")
local ServerStorage = game:GetService("ServerStorage")

-- 变量
local lobbySpawn = workspace.Lobby.StartSpawn
local arenaMap = workspace.Arena
local arenaSpawn = arenaMap.SpawnLocation

return PlayerManager
```

3. 获取事件。

代码清单 18-10

```lua
local PlayerManager = {}

-- 服务
local Players = game:GetService("Players")
local ServerStorage = game:GetService("ServerStorage")

-- 变量
local lobbySpawn = workspace.Lobby.StartSpawn
local arenaMap = workspace.Arena
local arenaSpawn = arenaMap.SpawnLocation

local events = ServerStorage.Events
local roundEnd = events.RoundEnd
local roundStart = events.RoundStart

return PlayerManager
```

4. 本练习中,当玩家刚进入游戏时,直接让玩家角色"出生"在大厅。

代码清单 18-11

```lua
local PlayerManager = {}

-- 省略上面展示过的代码
local function onPlayerJoin(player)
    player.RespawnLocation = lobbySpawn
end

return PlayerManager
```

> **提示 获取保存的数据**
>
> 如果需要添加已保存的数据（例如技能等级、外观或得分），可以在上面的函数里获取这些数据，并且更新排行榜。

5. 思考在回合开始时需要处理的事情。本练习中，我们将遍历玩家列表，并在竞技场的重生点重新加载玩家角色。

代码清单 18-12

```lua
local PlayerManager = {}

-- 省略上面展示过的代码

local function onRoundStart()
    for _, player in ipairs(Players:GetPlayers()) do
        player.RespawnLocation = arenaSpawn
        player:LoadCharacter()
    end
end

return PlayerManager
```

6. 创建一个在回合结束时执行的函数。

代码清单 18-13

```lua
local PlayerManager = {}
-- 省略上面展示过的代码

local function onRoundEnd()
    for _, player in ipairs(Players:GetPlayers()) do
        player.RespawnLocation = lobbySpawn
        player:LoadCharacter()
    end
end

return PlayerManager
```

7. 连接函数，让它们在事件触发的时候执行。

代码清单 18-14

```lua
local PlayerManager = {}

-- 服务
```

```lua
local Players = game:GetService("Players")
local ServerStorage = game:GetService("ServerStorage")

-- 变量
local lobbySpawn = workspace.Lobby.StartSpawn
local arenaMap = workspace.Arena
local arenaSpawn = arenaMap.SpawnLocation

local events = ServerStorage.Events
local roundEnd = events.RoundEnd
local roundStart = events.RoundStart

local function onPlayerJoin(player)
    player.RespawnLocation = lobbySpawn
end

local function onRoundStart()
    for _, player in ipairs(Players:GetPlayers()) do
        player.RespawnLocation = arenaSpawn
        player:LoadCharacter()
    end
end

local function onRoundEnd()
    for _, player in ipairs(Players:GetPlayers()) do
        player.RespawnLocation = lobbySpawn
        player:LoadCharacter()
    end
end

Players.PlayerAdded:Connect(onPlayerJoin)
roundStart.Event:Connect(onRoundStart)
roundEnd.Event:Connect(onRoundEnd)

return PlayerManager
```

总结

游戏循环是玩家在游戏中的行为流程，需要编写代码来实现。在本章中，你使用 while 循环创建了一个游戏循环。在一些作品中，游戏循环可能还会触发获取物品、出售物品和购买物品等事件。设计好基本的游戏循环后，可以进一步添加其他功能，例如显示信息、分配队伍、添加随机的地图和更新保存的数据。

BindableEvent 经常与游戏循环一起使用，因为它可以实现服务器内通信和客户端内通信。

本章还介绍了如何有条理地存放项目中的对象，这与编写清晰的代码一样重要。使用文件夹来分别存放脚本、模型、事件和游戏世界中的其他内容。

问答

问 为什么在游戏循环中使用 LoadCharacter()，而不是更新 HumanoidRootPart 的 CFrame？

答 如果只想把玩家从一个位置移动到另一个位置，那么更新他的 CFrame 位置是一种快速的方法。但强制重新加载角色也有一些好处，例如设置玩家的重生点、分配队伍和设置检查点。

实践

回顾所学知识，完成测验。

测验

1. 判断对错：BindableEvent 可以跨服务器和客户端通信。
2. repeat-until 循环的原理是什么？
3. BindableEvent 应该存放在哪里？
4. 如果要在游戏循环里添加一些功能，例如赋予玩家超能力，应该怎么做？

答案

1. 错的，如果需要在服务器和客户端之间通信，应该使用 RemoteEvent。 2. repeat-until 循环会一直重复执行，直到条件为真，正好与 while true do 循环相反。 3. 如果在服务器使用 BindableEvent，应该把它存储在 ServerStorage 下的文件夹中。如果在客户端使用 BindableEvent，则应该把它存储在 ReplicatedStorage 中。 4. 可以在游戏循环的 roundStart() 函数中添加功能，然后在 roundEnd() 函数中删除它。如果是很大的代码块，可能需要创建一个独立的 ModuleScript。

练习

让玩家了解即将发生的事情是很友好的设计。创建一个 ModuleScript，用于显示回合的开始和结束。本练习只需要使用 BindableEvent 在回合开始和结束时简单地输出"Match starting"和"Match over"。在实际项目中，可能需要使用 UI 来向玩家显示这些信息。

提示

- 创建一个 ModuleScript 并命名为 Announcements。
- 在 ModuleScript 中分别为回合开始和结束时的信息显示创建单独的函数。
- 把 ModuleScript 添加到 RoundManager 中。
- 使用输出语句确认功能是否正常。也可以编写代码以 UI 的形式显示这些信息。

第 19 章

面向对象编程

在这一章里你会学习：
- 面向对象编程是什么；
- 如何创建自定义类；
- 如何在类里添加属性和函数；
- 如何创建类的实例。

本章将介绍如何使用面向对象编程的概念创建自定义实例。使用面向对象编程时，需要思考作品中的对象有哪些共同点，如何对它们进行分类，以及创建新类别的对象。

19.1 什么是面向对象编程？

面向对象编程的核心是对象和类。一个对象代表游戏世界中一个单独的事物，例如一栋房子、一辆车、一棵树。项目管理器中的所有东西都是对象，例如部件、模型、粒子发射器、邻近提示等。

类描述了一个对象是什么和它要做什么。例如，虽然部件和面光源都是对象，但它们的差异非常大，它们所属的类使它们有所区别。部件属于一个类，而面光源属于另一个类。

19.2 组织代码和项目

面向对象编程可以让你把事物分解为更小的部分。当你在规划作品时，需要思考游戏世界里应该存在的不同类型的东西。例如，可能有汽车、NPC 和不同类型的武器。

当你梳理了这些不同类型的东西之后，就可以思考如何对它们进行编码，并且让代码可复用，从而创建具有不同特点的相同类别的东西。例如，一辆车具有红色的条纹，而另一辆车的条纹是黄色的。你不希望仅因为汽车条纹有两种不同的颜色，就要编写两个脚本。此时可以使用面向对象编程，你只需创建一个汽车的类，然后把颜色作为它的可修改属性。

19.3 创建一个类

一些编程语言使用特殊关键字来创建类，而在 Lua 中，只需使用一个具有一些修改项的表即可创建类。

1. 编写如下代码来创建一个类。

代码清单 19-1
```
local NameOfClass = {}
NameOfClass.__index = NameOfClass
```

> **提示 在 index 前使用两根下划线**
> __index 之前有两根下划线，但很容易被误认为只有一根。__index 需要设为类的名称。

2. 一个类可能内容不多，但也需要编写一个函数来描述如何创建这个类的对象。这个函数称为构造函数，因为它用于创造事物。

代码清单 19-2
```
function NameOfClass.new()

end
```

3. 在构造函数里创建一个表，并在函数结束时返回它。这个表是在类生成实例时返回的对象。

代码清单 19-3
```
function NameOfClass.new()
    local self = {}

    return self
end
```

> **提示** self 是一个约定命名
>
> self 通常用来代表类内部创建的对象本身,这是一个普遍的约定。虽然 self 不是 Lua 中的关键字,但罗布乐思 Studio 也把它加粗显示,以便在类中更容易看到它。

4. 使用 setmetatable(),把 self 和类名作为参数传入。

代码清单 19-4

```
function NameOfClass.new()
    local self = {}
    setmetatable(self, NameOfClass)

    return self
end
```

5. 调用这个函数创建一个类的实例。

代码清单 19-5

```
local NameOfClass = {}
NameOfClass.__index = NameOfClass

function NameOfClass.new()
    local self = {}
    setmetatable(self, NameOfClass)

    return self
end

local newObject = NameOfClass.new()
```

19.4 添加类属性

与其他罗布乐思实例一样,自定义类也可以具有颜色、大小和比例等属性。可以在类的构造函数中添加新属性。属性的值可以设为默认值,也可以通过构造函数的参数传入。

代码清单 19-6

```
local NameOfClass = {}
NameOfClass.__index = NameOfClass

function NameOfClass.new(parameterProperty)
```

```
    local self = {}
    setmetatable(self, NameOfClass)

    self.defaultProperty = "Default Value"
    self.parameterProperty = parameterProperty

    return self
end

local newObject = NameOfClass.new()
```

> ▼ 小练习
>
> ### 创建一个汽车类
> 创建一个汽车类,它具有两个属性,一个是颜色,另一个是车轮数量。颜色通过构造函数传入,车轮数量直接赋值为 4。
>
> 1. 创建一个名为 Car 的类,并且编写它的构造函数。
>
> **代码清单 19-7**
> ```
> local Car = {}
> Car.__index = Car
>
> function Car.new()
>     local self = {}
>     setmetatable(self, Car)
>
>     return self
> end
> ```
>
> 2. 直接赋值车轮的数量。
>
> **代码清单 19-8**
> ```
> local Car = {}
> Car.__index = Car
>
> function Car.new()
>     local self = {}
>     setmetatable(self, Car)
>
>     self.numberOfWheels = 4
>
>     return self
> end
> ```

3. 添加汽车的颜色属性，通过构造函数的参数传入。

代码清单 19-9
```lua
local Car = {}
Car.__index = Car

function Car.new(color)
    local self = {}
    setmetatable(self, Car)

    self.numberOfWheels = 4
    self.color = color

    return self
end
```

4. 创建汽车实例，并输出它的属性值来测试代码。

代码清单 19-10
```lua
local Car = {}
Car.__index = Car

function Car.new(color)
    local self = {}
    setmetatable(self, Car)

    self.numberOfWheels = 4
    self.color = color

    return self
end

local redCar = Car.new("red")
print(redCar.numberOfWheels) -- 输出 4
print(redCar.color) -- 输出 red
```

19.5 使用类函数

自定义类也可以有函数。与属性不一样，类函数在构造函数之外声明。

代码清单 19-11

```lua
local NameOfClass= {}
NameOfClass.__index = NameOfClass

function NameOfClass.new()
    local self = {}
    setmetatable(self, NameOfClass)
    return self
end

-- 类函数在构造函数之外声明
function NameOfClass:nameOfFunction()

end
```

你会发现经常需要在类函数中引用本对象，尤其是使用本对象的属性。可以在类函数中使用 self 来指代本对象。

代码清单 19-12

```lua
function NameOfClass:nameOfFunction()
    local variable = self.nameOfProperty
end
```

▼ 小练习

创建自己的宠物

在本练习中，创建自定义的宠物类，当玩家与它互动后，它短时间内会跟随玩家。首先，需要有一个宠物的模型。如果你有一个好看的宠物模型，可以直接使用它；如果没有，可以按照以下步骤创建一个方形的部件作为宠物。

1. 把模型放入 Workspace，重命名为 Dog。如果使用方形部件作为宠物，可以按快捷键 Cmd+G 或快捷键 Ctrl+G 把它转换为模型，然后重命名。
2. 在模型内创建一个部件，并重命名为 HumanoidRootPart。

提示　MoveTo() 需要使用 HumanoidRootPart

在稍后创建的脚本中，会使用函数 MoveTo() 移动宠物。为了可以正常移动，主要部件必须准确命名为 HumanoidRootPart。如果使用其他名称或者大小写错误，会导致宠物不能正常移动。

3. 选中模型，在属性窗口中把 PrimaryPart 设为 HumanoidRootPart。

4. 在模型中创建一个 Humanoid。

5. 把宠物移到 ServerStorage 下。

创建宠物类

创建宠物类，在类里添加一个函数来让宠物跟随拍它的玩家。

1. 在 ServerScriptService 中创建一个 Script。

2. 创建变量引用 ServerStorage，当玩家拍宠物的头后，宠物会跟随玩家，创建一个常量来存储跟随的时间。

代码清单 19-13
```lua
local ServerStorage = game:GetService("ServerStorage")

local FOLLOW_DURATION = 5
```

3. 创建一个宠物类，并编写它的构造函数，该构造函数包含一个参数，用于传入宠物模型。

代码清单 19-14
```lua
local Pet = {}
Pet.__index = Pet

function Pet.new(model)
    local self = {}
    setmetatable(self, Pet)
    
    return self
end
```

4. 把传入的参数赋给类中的模型，并把它的父级设为 workspace，如下所示。

代码清单 19-15
```lua
local Pet = {}
Pet.__index = Pet

function Pet.new(model)
    local self = {}
    setmetatable(self, Pet)
    
    self._model = model
```

212 第 19 章 面向对象编程

```
    self._model.Parent = workspace

    return self
end
```

> **提示** 注意命名规范
>
> 约定的命名规范是，在构造函数内部命名的变量，其名称前面有一根下划线。

5. 在构造函数中创建一个邻近提示对象，邻近提示的 ObjectText 和 ActionText 如以下代码所示，然后把邻近提示的父级设为宠物。

代码清单 19-16
```
local Pet = {}
Pet.__index = Pet

function Pet.new(model)
    local self = {}
    setmetatable(self, Pet)

    self._model = model
    self._model.Parent = workspace

    self._petPrompt = Instance.new("ProximityPrompt")
    self._petPrompt.ObjectText = "Pet"
    self._petPrompt.ActionText = "Give pets!"
    self._petPrompt.Parent = model.PrimaryPart

    return self
end
```

在宠物类里添加函数

创建以下函数，每 0.25 秒使用 MoveTo() 把宠物的位置更新到拍它的玩家所在的位置。

1. 在宠物类里创建一个函数 getPets()，把玩家作为参数。

代码清单 19-17
```
-- 前面的代码

function Pet:getPets(player)

end
```

2. 触发后，禁用邻近提示。

代码清单 19-18
```lua
function Pet:getPets(player)
    self._petPrompt.Enabled = false
end
```

3. 使用 for 循环每 0.25 秒更新一次宠物的位置，然后重新启用邻近提示。

代码清单 19-19
```lua
function Pet:getPets(player)
    self._petPrompt.Enabled = false

    for i = 0, FOLLOW_DURATION, 0.25 do
        local character = player.Character
        if character and character.PrimaryPart then
            self._model.Humanoid:MoveTo(character.PrimaryPart.Position)
        end
        wait(0.25)
    end
    self._petPrompt.Enabled = true

end
```

4. 返回宠物类。

代码清单 19-20
```lua
function Pet:getPets(player)
    self._petPrompt.Enabled = false
    for i = 0, FOLLOW_DURATION, 0.25 do
        local character = player.Character
        if character and character.PrimaryPart then
            self._model.Humanoid:MoveTo(character.PrimaryPart.Position)
        end
        wait(0.25)
    end
    self._petPrompt.Enabled = true

    return Pet
end
```

5. 在宠物类构造函数里，当触发邻近提示时，使用匿名函数调用getPets()函数。

代码清单 19-21
```lua
local Pet = {}
Pet.__index = Pet

function Pet.new(model)
    local self = {}
    setmetatable(self, Pet)
    
    self._model = model
    self._model.Parent = workspace
    
    self._petPrompt = Instance.new("ProximityPrompt")
    self._petPrompt.ObjectText = "Pet"
    self._petPrompt.ActionText = "Give pets!"
    self._petPrompt.Parent = model.PrimaryPart
    self._petPrompt.Triggered:Connect(function (player)
        self:getPets(player)
    end)
    
    return self
end
```

6. 创建宠物类的实例，并传入希望使用的宠物模型，以下是完整的脚本。

代码清单 19-22
```lua
local ServerStorage = game:GetService("ServerStorage")

local FOLLOW_DURATION = 5

local Pet = {}
Pet.__index = Pet

function Pet.new(model)
    local self = {}
    setmetatable(self, Pet)
    
    self._model = model
    self._model.Parent = workspace
    
    self._petPrompt = Instance.new("ProximityPrompt")
```

```
        self._petPrompt.ObjectText = "Pet"
        self._petPrompt.ActionText = "Give pets!"
        self._petPrompt.Parent = model.PrimaryPart
        self._petPrompt.Triggered:Connect(function (player)
            self:getPets(player)
        end)

        return self
end

function Pet:getPets(player)
    self._petPrompt.Enabled = false
    for i = 0, FOLLOW_DURATION, 0.25 do
        local character = player.Character
        if character and character.PrimaryPart then
            self._model.Humanoid:MoveTo(character.PrimaryPart.Position)
        end
        wait(0.25)
    end
    self._petPrompt.Enabled = true

    return Pet
end

-- 创建一个宠物类的对象，传入所需的模型
local rufus = Pet.new(ServerStorage.Dog:Clone())
local whiskers = Pet.new(ServerStorage.Cat:Clone())
```

> **提示　修改邻近提示的属性以便将其显示出来**
>
> 如果在测试时没有看到邻近提示，则它可能陷在模型中被挡住了，可以尝试把它的 RequiresLineOfSight 属性值设为 false。你还可以根据需要自定义其他属性，例如 UIOffset 和 Exclusivity。

总结

编程的一个要点是避免编写重复的代码。创建类可以复用代码，从而起到节约时间和减少工作量的作用。在第 20 章，你将进一步学习自定义类，使用自定义类不仅可以让你拥有不同的模型，还可以拥有不同的宠物，每个宠物都有自己的模型、纹理和声音。

💎 实践

回顾所学知识，完成测验。

测验

1. 什么是类？
2. 面向对象编程的优点是什么？
3. 什么是构造函数？
4. 下面的代码有什么问题？

代码清单 19-23

```lua
local NameOfClass = {}
NameOfClass.__index = NameOfClass

function NameOfClass.new(parameterProperty)
    local self = {}

    self.defaultProperty = "Default Value"
    self.parameterProperty = parameterProperty

    return self
end

local newObject = NameOfClass.new()
```

答案

1. 类用于描述一个对象是什么以及它要做什么。
2. 面向对象编程的优点是：
   a. 可以把作品分解为更小的模块； b. 让代码条理清晰； c. 减少项目中的重复代码。
3. 构造函数是描述如何创建类的新对象的函数，类的所有属性都在构造函数中定义。
4. 没有设置 metatable。

代码清单 19-24

```lua
local NameOfClass = {}
NameOfClass.__index = NameOfClass

function NameOfClass.new(parameterProperty)
    local self = {}
    setmetatable(self, NameOfClass) -- 遗漏了

    self.defaultProperty = "Default Value"
```

```
        self.parameterProperty = parameterProperty

    return self
end

local newObject = NameOfClass.new()
```

📋 练习

创建一个 NPC 的类,每个 NPC 都有一个属性用于设置它的名称,在调用时可以输出 NPC 的名称。

提示
- ▶ 创建类和构造函数;
- ▶ 构造函数通过一个参数传入名称;
- ▶ 除非需要,否则不在构造函数里传入模型和其他信息;
- ▶ 在构造函数外部创建函数,并调用它。

参考代码见附录。

第 20 章

继 承

在这一章里你会学习：
- 父类和子类之间的关系是什么；
- 如何创建子类，使其继承父类的属性和函数；
- 如何重写函数，体现类的多态性；
- 如何调用父类函数。

当你的项目变得更大、更复杂时，你可能会注意到有一些类的某些特征相同。在这种情况下，你可以修改代码，将一个类的属性和函数传承给其他类。我们称这种做法为继承，传承特点的类称为父类，继承这些特点的类称为子类。

罗布乐思内置的类 PointLight 和 SpotLight，虽然它们照亮场景的方式不同，但它们有很多共同点，如图 20.1 所示。你可以打开和关闭一些属性，也可以修改颜色和亮度。两个类都是从父类 Light 继承的这些属性。

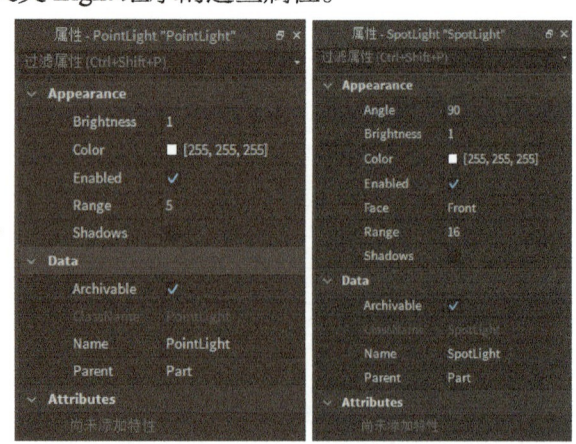

图20.1　PointLight（左）和SpotLight（右）都继承了父类Light的属性

20.1 创建继承

在 Lua 中，继承建立在前一章介绍的类上，创建继承类的步骤如下。

1. 创建父类及其构造函数。

代码清单 20-1
```lua
local ParentClass = {}
ParentClass.__index = ParentClass

function ParentClass.new()
    local self = {}
    setmetatable(self, ParentClass)
    return self
end
```

2. 创建子类。

代码清单 20-2
```lua
local ParentClass = {}
ParentClass.__index = ParentClass

function ParentClass.new()
    local self = {}
    setmetatable(self, ParentClass)
    return self
end

local ChildClass = {}
ChildClass.__index = ChildClass
```

3. 创建子类，使用 **setmetatable()** 函数，传入的参数是子类的名称和父类的名称。

代码清单 20-3
```lua
local ParentClass = {}
ParentClass.__index = ParentClass

function ParentClass.new()
    local self = {}
    setmetatable(self, ParentClass)
    return self
end
```

```
local ChildClass = {}
ChildClass.__index = ChildClass
setmetatable(ChildClass, ParentClass)
```

4. 为新的类创建构造函数。

代码清单 20-4
```
local ParentClass = {}
ParentClass.__index = ParentClass

function ParentClass.new()
    local self = {}
    setmetatable(self, ParentClass)
    return self
end

local ChildClass = {}
ChildClass.__index = ChildClass
setmetatable(ChildClass, ParentClass)

function ChildClass.new()

end
```

5. 在子类构造函数中创建一个名为 **self** 的变量，但不要将它的值设为 {}，而应设为父类的新实例。

代码清单 20-5
```
local ParentClass = {}
ParentClass.__index = ParentClass

function ParentClass.new()
    local self = {}
    setmetatable(self, ParentClass)
    return self
end

local ChildClass = {}
ChildClass.__index = ChildClass
setmetatable(ChildClass, ParentClass)
```

```
function ChildClass.new()
    local self = ParentClass.new()
end
```

6. 使用 setmetatable() 函数，传入变量 self 和子类的名称作为参数，然后返回 self。

代码清单 20-6
```
local ParentClass = {}
ParentClass.__index = ParentClass

function ParentClass.new()
    local self = {}
    setmetatable(self, ParentClass)
    return self
end

local ChildClass = {}
ChildClass.__index = ChildClass
setmetatable(ChildClass, ParentClass)

function ChildClass.new()
    local self = ParentClass.new()
    setmetatable(self, ChildClass)
    return self
end
```

20.2 继承属性

父类定义的任何属性都会成为子类的属性。如果你还记得之前讨论的要避免编写重复代码，那么使用继承就是理想的做法，因为这样不需要为每个类创建重复的属性。

代码清单 20-7
```
local ParentClass = {}
ParentClass.__index = ParentClass

function ParentClass.new()
    local self = {}
    setmetatable(self, ParentClass)
    self.inheritedProperty = "Inherited property"
    return self
end
```

> ▼ 小练习

创建一个车辆类和一个汽车子类

参照上面的形式创建一个车辆类作为父类，这个车辆类具有引擎数量的属性。创建一个汽车子类，这个汽车子类从车辆类继承引擎数量的属性，并具有汽车车轮数量的属性。

1. 创建车辆类和它的构造函数。

代码清单 20-8
```lua
local Vehicle = {}
Vehicle.__index = Vehicle

function Vehicle.new()
    local self = {}
    setmetatable(self, Vehicle)
    return self
end
```

2. 添加 numberOfEngines 属性。

代码清单 20-9
```lua
local Vehicle = {}
Vehicle.__index = Vehicle

function Vehicle.new()
    local self = {}
    setmetatable(self, Vehicle)
    self.numberOfEngines = 1
    return self
end
```

3. 创建一个汽车类，使其继承车辆类。

代码清单 20-10
```lua
local Vehicle = {}
Vehicle.__index = Vehicle

function Vehicle.new()
    local self = {}
    setmetatable(self, Vehicle)
    self.numberOfEngines = 1
    return self
```

```
end

local Car = {}
Car.__index = Car
setmetatable(Car, Vehicle)
```

4. 创建汽车类的构造函数。

代码清单 20-11

```
local Vehicle = {}
Vehicle.__index = Vehicle

function Vehicle.new()
    local self = {}
    setmetatable(self, Vehicle)
    self.numberOfEngines = 1
    return self
end

local Car = {}
Car.__index = Car
setmetatable(Car, Vehicle)

function Car.new()
    local self = Vehicle.new()
    setmetatable(self, Car)
    return self
end
```

5. 在汽车类中添加 numberOfWheels 属性。

代码清单 20-12

```
local Vehicle = {}
Vehicle.__index = Vehicle

function Vehicle.new()
    local self = {}
    setmetatable(self, Vehicle)
    self.numberOfEngines = 1
    return self
end

local Car = {}
```

```lua
Car.__index = Car
setmetatable(Car, Vehicle)

function Car.new()
    local self = Vehicle.new()
    setmetatable(self, Car)
    self.numberOfWheels = 4
    return self
end
```

6. 创建一个汽车类的实例,输出它的引擎数量和车轮数量。

代码清单 20-13

```lua
local Vehicle = {}
Vehicle.__index = Vehicle

function Vehicle.new()
    local self = {}
    setmetatable(self, Vehicle)
    self.numberOfEngines = 1
    return self
end

local Car = {}
Car.__index = Car
setmetatable(Car, Vehicle)

function Car.new()
    local self = Vehicle.new()
    setmetatable(self, Car)
    self.numberOfWheels = 4
    return self
end

local car = Car.new()
print("Engines:", car.numberOfEngines)
print("Wheels:", car.numberOfWheels)
```

20.3 使用多个子类

父类可以有任意数量继承的子类。在前面的示例中,创建了一个继承车辆类的汽车类，你还可以创建一个继承车辆类的摩托车类，虽然汽车和摩托车会有不同的属性，例如轮子的数量，但通常它们的发动机的数量相同。

代码清单 20-14
```
local Motorcycle = {}
Motorcycle.__index = Motorcycle
setmetatable(Motorcycle, Vehicle)

function Motorcycle.new()
    local self = Vehicle.new()
    setmetatable(self, Motorcycle)
    self.numberOfWheels = 2
    return self
end

local motorcycle = Motorcycle.new()
print("Engines:", motorcycle.numberOfEngines)
print("Wheels:", motorcycle.numberOfWheels)
```

20.4 继承函数

跟属性一样，子类也会继承父类的所有函数。

代码清单 20-15
```
local ParentClass = {}
ParentClass.__index = ParentClass

function ParentClass.new()
    local self = {}
    setmetatable(self, ParentClass)
    return self
end

function ParentClass:inheritedFunction()

end
```

20.5 了解多态性

有时子类需要执行与父类类似的，但又有所差异的操作。一般可以在父类中定义一个函数，子类会默认使用这个函数，但如果子类希望做一些特殊的事情，不想使用这个默认的函数，可以在子类定义一个同名的函数，它会覆盖从父类继承的函数。

代码清单 20-16

```lua
local ParentClass = {}
ParentClass.__index = ParentClass

function ParentClass:doSomething()
    -- 如果子类没有定义 doSomething() 函数，会默认执行这个函数
end

local ChildClassOne = {}
setmetatable(ChildClassOne, ParentClass)

function ChildClassOne:doSomething()
    -- 子类 ChildClassOne 的特定行为
end

local ChildClassTwo = {}
setmetatable(ChildClassTwo, ParentClass)

function ChildClassTwo:doSomething()
-- 子类 ChildClassTwo 的特定行为
end

local ChildClassThree = {}
setmetatable(ChildClassThree, ParentClass)
-- ChildClassThree 没有定义 doSomething() 函数
-- 它会调用父类的 doSomething() 函数
```

▼ 小练习

创建不同叫声的动物

假设有一个动物父类和两个子类狗和猫，且希望狗和猫能够分别发出"汪"和"喵"的声音。可以在每个类中分别命名发声的函数，例如 Dog:woof() 和 Cat:meow()，但更常见的做法是使用相同名称的函数，如创建一个函数 Animal:speak()。

1. 创建 Animal 父类和它的构造函数。

代码清单 20-17

```lua
local Animal = {}
Animal.__index = Animal

function Animal.new()
```

```
        local self = {}
        setmetatable(self, Animal)
        return self
end
```

2. 创建 Dog 和 Cat 子类以及它们的构造函数。

代码清单 20-18
```
local Animal = {}
Animal.__index = Animal

function Animal.new()
    local self = {}
    setmetatable(self, Animal)
    return self
end

local Dog = {}
Dog.__index = Dog
setmetatable(Dog, Animal)

function Dog.new()
    local self = Animal.new()
    setmetatable(self, Dog)
    return self
end

local Cat = {}
Cat.__index = Cat
setmetatable(Cat, Animal)

function Cat.new()
    local self = Animal.new()
    setmetatable(self, Cat)
    return self
end
```

3. 在 Animal 类中添加一个发声函数。

代码清单 20-19
```
local Animal = {}
Animal.__index = Animal

function Animal.new()
```

```
    local self = {}
    setmetatable(self, Animal)
    return self
end

function Animal:speak()
    print("The animal makes a noise")
end

local Dog = {}
Dog.__index = Dog
setmetatable(Dog, Animal)

function Dog.new()
    local self = Animal.new()
    setmetatable(self, Dog)
    return self
end

local Cat = {}
Cat.__index = Cat
setmetatable(Cat, Animal)

function Cat.new()
    local self = Animal.new()
    setmetatable(self, Cat)
    return self
end
```

提示 对类函数使用冒号

请注意，对类函数使用冒号，而不是点号。

---

4. 为 Dog 和 Cat 子类添加发声函数。

代码清单 20-20
```
local Animal = {}
Animal.__index = Animal

function Animal.new()
    local self = {}
    setmetatable(self, Animal)
    return self
```

```lua
end

function Animal:speak()
    print("The animal makes a noise")
end

local Dog = {}
Dog.__index = Dog
setmetatable(Dog, Animal)

function Dog.new()
    local self = Animal.new()
    setmetatable(self, Dog)
    return self
end

function Dog:speak()
    print("Woof")
end

local Cat = {}
Cat.__index = Cat
setmetatable(Cat, Animal)

function Cat.new()
    local self = Animal.new()
    setmetatable(self, Cat)
    return self
end

function Cat:speak()
    print("Meow")
end
```

5. 在脚本的底部，调用 Dog 和 Cat 子类中的 speak() 函数。

代码清单 20-21

```lua
Cat:speak()
Dog:speak()
```

20.6　调用父函数

你可能有时需要调用父类的默认函数，有时需要调用子类的自定义函数，这可以利用类的多态性实现。如果父类和子类有同名的函数，可以使用以下形式在子类中调用父类函数。

代码清单 20-22
```lua
function ChildClass:sameFunctionName()
    ParentClass.sameFunctionName(self)
end
```

请注意，上面的函数调用与一般的函数调用略有不同，这不是特定对象在调用函数，而是类本身在调用，故调用时使用的是点号，而不是冒号。最后，传入变量 self，这个变量是调用函数的实际对象。

以下代码示例显示了玩家可以在游戏中从事的两种职业：战士和法师。这两种职业都必须使用能量进行攻击，能量属性和攻击函数都定义在职业父类中。

代码清单 20-23
```lua
local Job = {}
Job.__index = Job

function Job.new()
    local self = {}
    setmetatable(self, Job)
    self.energy = 1
    return self
end

function Job:attack()
    if self.energy > 0 then
        self.energy -= 1
        return true
    end
    return false
end

local Warrior = {}
Warrior.__index = Warrior
setmetatable(Warrior, Job)

function Warrior.new()
    local self = Job.new()
    setmetatable(self, Warrior)
    return self
end
```

```lua
function Warrior:attack()
    local couldAttack = Job.attack(self)
    if couldAttack then
        print("I swing my weapon!")
    else
        print("I'm too tired to attack!")
    end
end

local Mage = {}
Mage.__index = Mage
setmetatable(Mage, Job)

function Mage.new()
    local self = Job.new()
    setmetatable(self, Mage)
    return self
end

function Mage:attack()
    local couldAttack = Job.attack(self)
    if couldAttack then
        print("I cast a spell!")
    else
        print("I'm out of mana!")
    end
end

local warrior = Warrior.new()
local mage = Mage.new()

-- 第一次调用 attack() 函数，玩家角色会发出攻击
-- 第二次调用 attack() 函数，玩家角色会失去法力
warrior:attack()
warrior:attack()
mage:attack()
mage:attack()
```

总结

良好的面向对象编程会更多地使用类的继承和多态性。当有了父类，例如动物园的动物类，就可以根据需要创建任意数量的子类。动物的头的数量、尾巴的数量和腿的数量等默认属性都定义在父类中，然后传承给子类。

利用多态性，子类可以修改继承自父类的函数和属性，使每种动物都不一样。斑马和黑猩猩可能有相同的行为，但其动作和声音会有所不同。

💎 实践

回顾所学知识,完成测验。

测验

1. 判断对错:子类需要包含父类的所有属性。
2. 继承是什么?
3. 最多可以创建多少个子类?
4. 多态性是什么?
5. 判断对错:子类会继承属性,但不会继承函数。

答案

1. 错的,如果某个属性定义在父类中,并且未在子类中定义,那么子类可以直接使用父类中定义的这个属性。 2. 继承是把一个类的函数和属性传承给另一个类。 3. 没有限制,可以创建任意数量的子类。 4. 子类需要的类似又有所差异的特性,就像本章范例中每种动物都有独特的叫声,这就是多态性。 5. 错的,子类会继承函数和属性。

📋 练习

为角色扮演游戏制作两种职业,为每种职业创建一个类。每种职业都要记录玩家获得了多少经验,并具有增加经验的函数。每种职业还应该有一种特殊的资源,例如能量、耐力、法力等,还要具有一个消耗这些资源的攻击函数。完成后,创建这些类的对象。

提示

- ▶ 如果你发现两个类具有完全相同的变量或代码,可以考虑使用父类。
- ▶ 在函数调用之前和之后输出对象属性的值,可以确认函数是否正常工作。

第 21 章

射线投射

在这一章里你会学习：
- 如何进行射线投射；
- 如何在射线上找到物体；
- 如何根据原点和终点得到射线的方向；
- 如何忽略射线上的部分对象。

罗布乐思作品中的很多对象都是可以移动的，有时你需要使用代码来检查环境中的事物，有一种方法是使用射线投射。使用射线投射时，需要告诉引擎一个原点，并沿某个方向画一条线，延伸一定的距离。如果这条线在绘制时碰到了事物，射线投射函数就会返回被碰到的事物。射线投射应用广泛，例如模拟玻璃表面的反射、模拟射击游戏中的子弹路径等。

21.1 创建射线投射

使用 Workspace:Raycast() 函数可以创建射线投射，这个函数包含 3 个参数，前两个是射线的原点和方向，第三个是可选参数，用于指定射线的某些行为。我们会在 21.3 节讨论第三个参数，现在只关注前两个参数。

1. 使用 Vector3 定义射线的原点和方向参数。

代码清单 21-1
```
local origin = Vector3.new(0, 5, 0)
local direction = Vector3.new(0, -10, 0)
```

2. 调用 Workspace:Raycast() 函数,把返回的结果存储在一个变量中。

代码清单 21-2
```
local origin = Vector3.new(0, 5, 0)
local direction = Vector3.new(0, -10, 0)
local result = game.Workspace:Raycast(origin, direction)
```

3. 检查返回结果是否为空。

代码清单 21-3
```
local origin = Vector3.new(0, 5, 0)
local direction = Vector3.new(0, -10, 0)
local result = game.Workspace:Raycast(origin, direction)
if result then
    -- 做某事
end
```

4. 如果结果不为空,输出射线碰到的东西。

代码清单 21-4
```
local origin = Vector3.new(0, 5, 0)
local direction = Vector3.new(0, -10, 0)
local result = game.Workspace:Raycast(origin, direction)
if result then
    print("Found object:", result.Instance)
end
```

▼ 小练习

变色龙部件

在这个小练习中,你将制作一个部件,它可以复制其他部件的材料来伪装自己,如图 21.1 所示。

图21.1 在使用射线投射之前,部件的材质是塑料(左);使用射线投射后,部件材质会变成跟下方的部件一样(右)

1. 创建几块不同材质的地板部件，再创建一个部件作为变色龙。
2. 在变色龙部件里创建一个 Script，然后在 Script 里创建一个变量来引用部件。

代码清单 21-5
```
local camouflagePart = script.Parent
```

3. 使用部件的位置作为射线的原点，然后定义射线的方向。

代码清单 21-6
```
local camouflagePart = script.Parent
local origin = camouflagePart.Position

local direction = Vector3.new(0, -5, 0)
```

4. 创建射线，存储返回的结果。

代码清单 21-7
```
local camouflagePart = script.Parent
local origin = camouflagePart.Position
local direction = Vector3.new(0, -5, 0)
local result = game.Workspace:Raycast(origin, direction)
```

5. 如果射线碰到了地板部件，就把变色龙部件的材质更改为跟地板一样的材质。

代码清单 21-8
```
local camouflagePart = script.Parent
local origin = camouflagePart.Position
local direction = Vector3.new(0, -5, 0)
local result = game.Workspace:Raycast(origin, direction)
if result then
    camouflagePart.Material = result.Material
end
```

提示　射线长度

如果变色龙部件不能更改材质，可能是因为射线不够长。可以修改射线的方向参数，或者移动变色龙部件来解决此问题。

21.2 根据两点获取方向

Raycast() 函数的第二个参数是方向,它是一个 Vector3 类型的值。如果知道光线投射的方向,就把这个参数设为固定的值。例如,当你想投射到正下方时,只需把 *y* 轴设为负数。但如果是两点之间的方向,而不只是简单的正上方或者正下方,如图 21.2 所示,应该怎么获得方向的值呢?

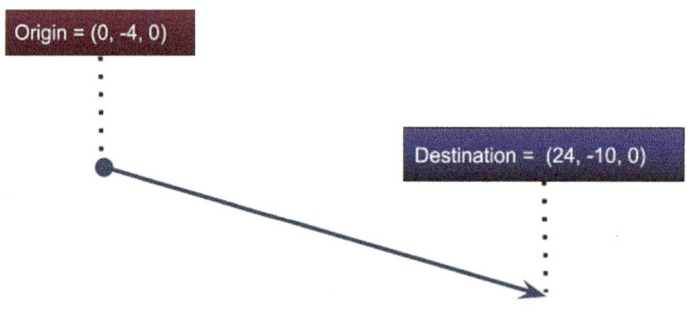

图21.2 相互偏移的起点和终点,方向未知

可以使用矢量相关知识来获取方向,使用终点的位置坐标减去起点的位置坐标。

代码清单 21-9

```
local pointA = Vector3.new(0, -4, 0)
local pointB = Vector3.new(24, -10, 0)
local fromAToB = pointB - pointA
```

21.3 设置射线投射参数

使用射线投射检测部件很有用,我们还可以配置参数来应对更复杂的情况。有时我们只希望检测环境中的某些部件,而忽略其他部件。以下步骤用于检测射线上的对象,并且设置了需要忽略的对象列表。

1. 创建射线原点和方向变量。

代码清单 21-10

```
local origin = Vector3.new(0, 5, 0)
local direction = Vector3.new(0, -10, 0)
```

2. 创建一个 RaycastParams 对象并将其存储在一个变量中。

21.3 设置射线投射参数

代码清单 21-11
```
local origin = Vector3.new(0, 5, 0)
local direction = Vector3.new(0, -10, 0)
local parameters = RaycastParams.new()
```

3. 把 parameters.FilterDescendantsInstances 赋值为一个表。

代码清单 21-12
```
local origin = Vector3.new(0, 5, 0)
local direction = Vector3.new(0, -10, 0)
local parameters = RaycastParams.new()
parameters.FilterDescendantsInstances = {
    -- 这里是希望忽略的对象信息
}
```

4. 把希望忽略的对象放入表中。

代码清单 21-13
```
local origin = Vector3.new(0, 5, 0)
local direction = Vector3.new(0, -10, 0)
local parameters = RaycastParams.new()
parameters.FilterDescendantsInstances = {
    game.Workspace.IgnorePart1,
    game.Workspace.IgnorePart2,
}
```

5. 把 parameters 的 FilterType 属性值设为 Enum.RaycastFilterType.Blacklist。

代码清单 21-14
```
local origin = Vector3.new(0, 5, 0)
local direction = Vector3.new(0, -10, 0)
local parameters = RaycastParams.new()
parameters.FilterDescendantsInstances = {
    game.Workspace.IgnorePart1,
    game.Workspace.IgnorePart2,
}
parameters.FilterType = Enum.RaycastFilterType.Blacklist
```

6. 调用 Raycast() 函数。

代码清单 21-15
```
local origin = Vector3.new(0, 5, 0)
local direction = Vector3.new(0, -10, 0)
```

```
local parameters = RaycastParams.new()
parameters.FilterDescendantsInstances = {
    game.Workspace.IgnorePart1,
    game.Workspace.IgnorePart2,
}
parameters.FilterType = Enum.RaycastFilterType.Blacklist
local result = game.Workspace:Raycast(origin, direction, parameters)
```

▼ 小练习

射线投射透过玻璃窗户

创建一个半透明的玻璃窗户，玻璃窗户两侧都有一个对象，在对象之间创建射线投射，忽略窗户。

1. 在玻璃窗户的两侧分别创建一个球体和一个立方体，如图21.3所示。

图21.3　位于玻璃窗户两侧的球体和立方体

2. 在ServerScriptService中创建一个Script，然后分别创建变量引用部件和窗户。
3. 把球体的位置作为射线投射的原点。

代码清单 21-16

```
local sphere = game.Workspace.Sphere
local cube = game.Workspace.Cube
local window = game.Workspace.Window

local origin = sphere.Position
```

4. 用立方体的位置坐标减去球体的位置坐标来获取射线投射的方向。

代码清单 21-17

```
local origin = sphere.Position
local direction = cube.Position - sphere.Position
```

5. 创建一个 RaycastParams 对象。

代码清单 21-18

```
local origin = sphere.Position
local direction = cube.Position - sphere.Position
local parameters = RaycastParams.new()
```

6. 设置射线投射的忽略列表，其中包含玻璃窗户。

代码清单 21-19

```
local origin = sphere.Position
local direction = cube.Position - sphere.Position
local parameters = RaycastParams.new()
parameters.FilterDescendantsInstances = {
    window,
}
parameters.FilterType = Enum.RaycastFilterType.Blacklist
```

7. 创建射线投射，并确认返回的结果中没有玻璃窗户。

代码清单 21-20

```
local sphere = game.Workspace.Sphere
local cube = game.Workspace.Cube
local window = game.Workspace.Window

local origin = sphere.Position
local direction = cube.Position - sphere.Position
local parameters = RaycastParams.new()
parameters.FilterDescendantsInstances = {
    window,
}
parameters.FilterType = Enum.RaycastFilterType.Blacklist

local result = game.Workspace:Raycast(origin, direction, parameters)
if result then
    print("Found object:", result.Instance)
end
```

提示　测试脚本的多种情况

上面的代码只测试了射线投射有没有检测到窗户。在编程时，需要考虑测试脚本的多种情况。本练习中，还需要确认射线投射能否检测到窗户以外的其他部件。

21.4 限制距离

Raycast() 函数的第二个参数不仅决定了射线投射的方向，还决定了射线的长度。在某些情况下，你可能希望射线可以延伸特定的距离。

例如，如果你使用射线投射来让敌人发现玩家，你可能不希望敌人能够看到整个地图，希望限制敌人能看到的距离。在这种情况下，你可以使用方向的单位向量。Vector3 的单位向量是一个与 Vector3 方向相同的向量。

代码清单 21-21
```
local maximumDistance = 10
local pointA = Vector3.new(2.5, 10, 0)
local pointB = Vector3.new(16, 5, -9)
local fromAToB = pointB - pointA
local unit = fromAToB.Unit
local fromAToBCapped = unit * maximumDistance
```

总结

射线投射会绘制一条线，并返回这条线碰到的对象。使用这个技术可以检查障碍物、绘制反射、创建射击武器的射击路径或根据周围环境更新对象。

射线投射需要原点和方向，原点和方向都是由 x、y、z 值组成的。如果你不知道方向，但你知道射线的终点，可以用终点坐标减去原点坐标来得到方向。例如原点为 (2, 2, 2)，终点为 (7, 7, 7)，那么方向就是 (5, 5, 5)。

还可以为射线配置可选参数，用于忽略某些对象。

问答

问 如果不是想忽略射线上的对象，而只是想返回某些对象，应该怎么办？
答 如果只想返回特定的对象，可以使用 Enum.RaycastFilterType.Whitelist 进行过滤。

实践

回顾所学知识，完成测验。

测验

1. 射线投射的两个必要参数是什么？

2. 知道射线的原点和终点，如何得到射线的方向？
3. 判断对错：射线会沿着画出的线不断返回碰到的东西。
4. 判断对错：可以设置射线投射的最大长度。

答案

1. 原点和方向。　2. 用终点坐标减去原点坐标可以得到射线的方向。　3. 错的，射线只返回一次结果。　4. 对的，可以使用单位向量来设置射线的最大长度。

练习

在游戏中创建一个探测器，检测附近的玩家。如果玩家在探测器的探测范围内，探测器会改变颜色。可以使用 Players:GetPlayers() 来获取游戏中的所有玩家，使用 player.Character 来获取玩家角色。

提示

▶ 到目前为止，脚本只进行了一次射线投射。Raycast() 函数只会在被调用的时候绘制射线。要创建探测器，需要每隔几毫秒进行一次射线投射。

第 22 章

在游戏中摆放物品1

在这一章里你会学习:
- ▶ 如何制作一个让玩家可以摆放物品的按钮;
- ▶ 渲染步骤是什么;
- ▶ 如何把函数绑定到渲染步骤。

让玩家可以改变环境物品,玩家就可以在你创造的世界中表达自己,让玩家更投入,玩家的留存率才会更高。在接下来的两章里,你将制作最后一个项目:创建一个按钮,让玩家可以把物品摆放到任意他期望的地方。玩家可以使用这个功能装饰房子,或者在花园里种花。可参考 AlexNewtron 开发的《米普城市》,如图 22.1 所示。

图22.1 AlexNewtron开发的《米普城市》

这个项目将涉及两个新的知识:如何在刷新屏幕时更新物品的位置,如何检测玩家的单击。

在本章的末尾，你将学习如何检测玩家鼠标的移动，让玩家可以拖动物品，并查看临时影像，这个临时影像只有玩家自己可以看到。你需要了解渲染步骤。在后面的一章中，你将学习如何监听用户输入来确定物品在服务器上的摆放位置。

22.1 创建物品

在这个项目中，需要创建一个让玩家放置的物品和一个用于放置物品的部件。本节需要创建事件、按钮和文件夹，文件夹可以让项目资源更有条理。

1. 在 Workspace 中创建一个文件夹并命名为 Surfaces，该文件夹用于存储摆放了物品的部件。
2. 在文件夹中创建一个部件作为摆放物品的地板，如图 22.2 所示。

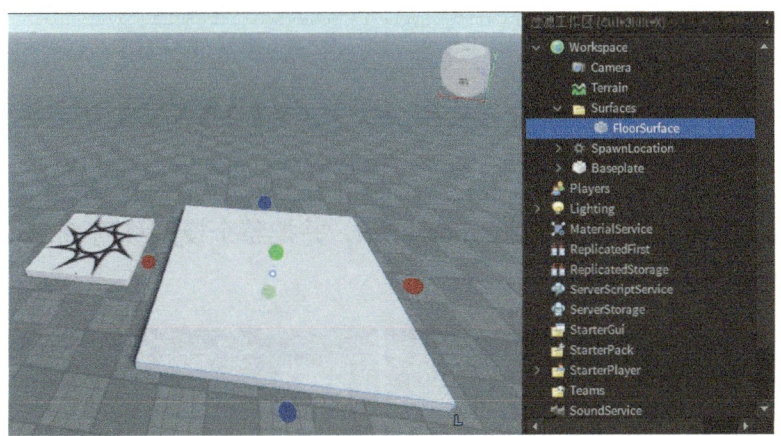

图22.2　创建摆放物品的地板

3. 在 ReplicatedStorage 中创建一个文件夹，重命名为 Events；在文件夹中创建一个 RemoteEvent，重命名为 PlopEvent（见图 22.3）。

图22.3　在ReplicatedStorage中创建一个RemoteEvent，重命名为PlopEvent

4. 在 ReplicatedStorage 中创建一个文件夹，重命名为 GhostObjects。

5. 制作要摆放的物品，玩家可以拖动它，并最终确定其摆放的位置。模型底部需要有一个底座，用于让物品与地板对齐，如图 22.4 所示。

图22.4 半透明的模型底部有一个底座

6. 把底座作为半透明模型的 PrimaryPart，并把整个模型移到 GhostObjects 文件夹中（见图 22.5）。

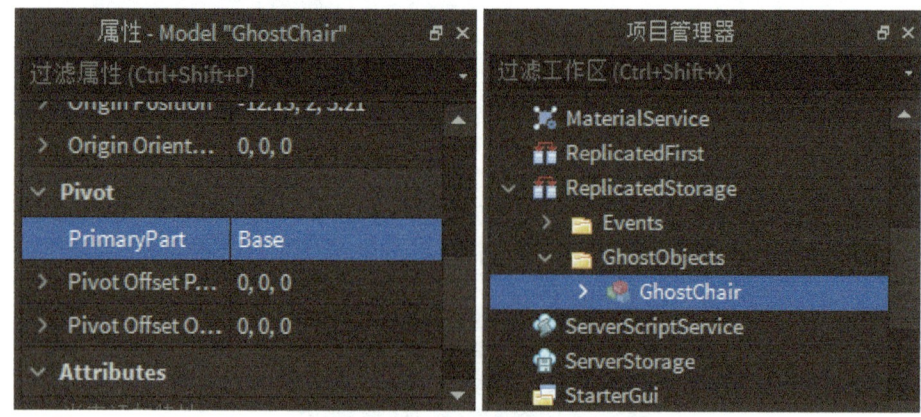

图22.5 设置模型的PrimaryPart（左）后把模型移到GhostObjects文件夹中（右）

7. 在 ServerStorage 中创建一个文件夹，重命名为 Ploppables，用于存储正常透明度的模型（见图 22.6）。每个模型都需要有一个底座部件作为 PrimaryPart。

8. 在 StarterGui 中创建一个 ScreenGui，在 ScreenGui 中创建一个 TextButton，重命名为 PlopButton（见图 22.7）。

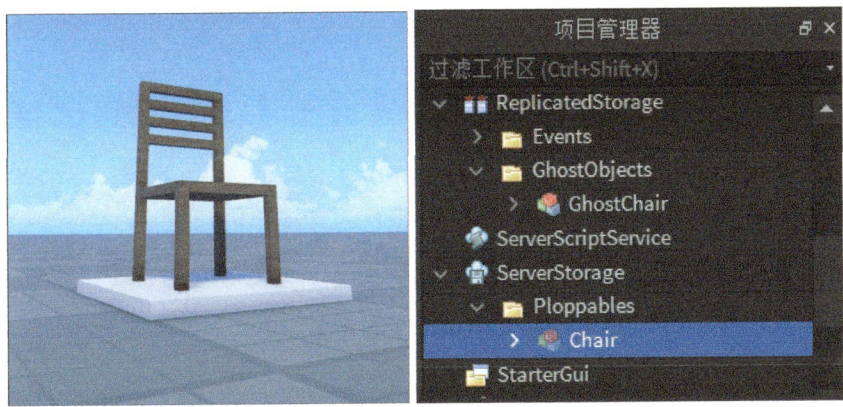

图22.6　创建Ploppables文件夹存储正常透明度的模型

图22.7　创建TextButton，重命名为PlopButton

22.2　制作摆放按钮

在客户端创建一个LocalScript，用于生成半透明的摆放模型，玩家可以自由移动半透明的模型，然后决定将其最终摆放在哪里。因为这个脚本在客户端，所以只有玩家自己才能看到半透明的模型。整个摆放操作的第一步是把摆放的输入操作连接到摆放按钮。

1. 在StarterPlayer的StarterPlayerScripts中创建一个LocalScript。
2. 在LocalScript中创建变量来引用玩家服务和本地玩家。

代码清单 22-1

```
local Players = game:GetService("Players")

local player = Players.LocalPlayer
```

3. 为 GUI 组件创建变量。

代码清单 22-2
```
-- 前面的代码
local playerGui = player:WaitForChild("PlayerGui")
local plopScreen = playerGui:WaitForChild("ScreenGui")
local plopButton = plopScreen:WaitForChild("PlopButton")
```

4. 创建一个名为 **onPlopButtonActivated()** 的函数。

代码清单 22-3
```
-- 前面的代码
local function onPlopButtonActivated()

end
```

5. 在函数里把按钮的 **Visible** 属性值改为 **false**。这样，当玩家摆放物品时，按钮就被隐藏了。

代码清单 22-4
```
-- 前面的代码
local function onPlopButtonActivated()
    plopButton.Visible = false
end
```

6. 把函数连接到 **plopButton** 按钮事件。

代码清单 22-5
```
local Players = game:GetService("Players")

local player = Players.LocalPlayer

local playerGui = player:WaitForChild("PlayerGui")
local plopScreen = playerGui:WaitForChild("ScreenGui")
local plopButton = plopScreen:WaitForChild("PlopButton")

local function onPlopButtonActivated()
    plopButton.Visible = false
end

plopButton.Activated:Connect(onPlopButtonActivated)
```

7. 测试代码，确保单击按钮后按钮会消失。

22.3 跟踪鼠标指针移动

现在有了一个摆放按钮，下一步是检测玩家的鼠标移动来确定物品的摆放位置。

22.3.1 BindToRenderStep()函数

每次刷新屏幕时，都会有大量的代码来计算应该出现在屏幕上的内容，这称为渲染步骤。如果需要平滑的动效，例如移动摄像机，可以使用 BindToRenderStep() 来把函数添加到渲染步骤。但是注意不要添加太多，因为添加太多会降低屏幕刷新的频率，导致显示卡顿，动作看起来会很生硬。

BindToRenderStep() 是 RunService 中的函数，它有 3 个参数，如下所示。

```
RunService:BindToRenderStep(bindingName, priority, functionName)
```

3 个参数的描述如下。

- **bindingName**：这是绑定的名称，不是函数名称。
- **priority**：一个数值，用于决定在渲染步骤中调用绑定函数的优先级。
- **functionName**：要绑定的函数的名称。

在这个项目中，将会向渲染步骤添加代码，用于平滑地移动半透明的物品。

1. 在同一个 LocalScript 中创建一个变量来引用 RunService，RunService 包含渲染步骤。

代码清单 22-6
```
local Players = game:GetService("Players")
local RunService = game:GetService("RunService")

local player = Players.LocalPlayer
-- 其余代码
```

2. 为绑定名称创建一个变量。

代码清单 22-7
```
-- 上面的变量
local plopButton = plopScreen:WaitForChild("PlopButton")

local PLOP_MODE = "PLOP_MODE"
```

第 22 章　在游戏中摆放物品 1

```
local function onPlopButtonActivated()
    plopButton.Visible = false
local


plopButton.Activated:Connect(onPlopButtonActivated)
```

3. 在 onPlopButtonActivated() 前面创建一个名为 onRenderStepped() 的函数。

代码清单 22-8

```
-- 上面的变量
local plopButton = plopScreen:WaitForChild("PlopButton")

local PLOP_MODE = "PLOP_MODE"

local function onRenderStepped()

end

local function onPlopButtonActivated()
    plopButton.Visible = false
end

plopButton.Activated:Connect(onPlopButtonActivated)
```

4. 在 onPlopButtonActivated() 函数里绑定 onRenderStepped() 函数。

代码清单 22-9

```
-- 上面的变量
local plopButton = plopScreen:WaitForChild("PlopButton")

local PLOP_MODE = "PLOP_MODE"

local function onRenderStepped()
end

local function onPlopButtonActivated()
    plopButton.Visible = false
    RunService:BindToRenderStep(PLOP_MODE,
        Enum.RenderPriority.Camera.Value + 1, onRenderStepped)
end

plopButton.Activated:Connect(onPlopButtonActivated)
```

22.3 跟踪鼠标指针移动

> **提示** 确定要使用的优先级数值
> 上面代码的 BindToRenderStep() 函数中的优先级参数不是一个特定的值（例如 20），而是摄像机的优先级数值加一，便于在适当的时机调用绑定函数。

22.3.2 鼠标指针的射线投射

使用射线投射从鼠标指针到 Surfaces 文件夹中的部件绘制一条线。

1. 在上面代码的脚本中，在玩家的变量下方创建引用摄像机和鼠标的变量。

代码清单 22-10
```
-- 前面的变量
local player = Players.LocalPlayer
local camera = game.Workspace.Camera
local mouse = player:GetMouse()

local player Gui = player:WaitForChild("Player Gui")
-- 剩余的代码
```

> **提示** 把同一类变量放在一起
> 把同一类变量放在一起可以让代码更有条理。例如服务类的变量放在一起，对象类的变量放在一起，常量类的变量放在一起。

2. 创建 Raycast 参数对象，把它存储在一个名为 raycastParameters 的变量中。

代码清单 22-11
```
-- 前面的变量
local plopButton = plopScreen:WaitForChild("PlopButton")

local raycastParameters = RaycastParams.new()

local PLOP_MODE = "PLOP_MODE"
-- 剩余的代码
```

3. 把过滤器类型设置为 Whitelist（白名单），并把之前创建的 Surfaces 文件夹添加到实例列表中。

代码清单 22-12
```
-- 前面的变量
local plopButton = plopScreen:WaitForChild("PlopButton")
```

```
local raycastParameters = RaycastParams.new()
raycastParameters.FilterType = Enum.RaycastFilterType.Whitelist
raycastParameters.FilterDescendantsInstances = { game.Workspace.Surfaces }
local PLOP_MODE = "PLOP_MODE"
-- 剩余的代码
```

4. 创建一个名为 RAYCAST_DISTANCE 的常量,它将在稍后的 Raycast() 函数里控制射线投射的长度。

代码清单 22-13
```
-- 前面的变量

local PLOP_MODE = "PLOP_MODE"
local RAYCAST_DISTANCE = 200

local function onRenderStepped()
-- 剩余的代码
```

5. 在 onRenderStepped() 函数中使用 ScreenPointToRay() 函数获取从摄像机到鼠标指针的单位向量。

代码清单 22-14
```
-- 前面的代码

local function onRenderStepped()
    local mouseRay = camera:ScreenPointToRay(mouse.X, mouse.Y, 0)
end
-- 剩余的代码
```

6. 在 onRenderStepped() 中把 Raycast() 函数与上一步使用 ScreenPointToRay() 获得的值一起使用。注意,必须乘以 RAYCAST_DISTANCE,因为获取的是单位向量。

代码清单 22-15
```
local function onRenderStepped()
    local mouseRay = camera:ScreenPointToRay(mouse.X, mouse.Y, 0)
    -- 使用 mouseRay 的原点和方向创建射线投射
    local raycastResults = game.Workspace:Raycast(mouseRay.Origin,
        mouseRay.Direction * RAYCAST_DISTANCE, raycastParameters)
end
```

7. 再次测试代码。虽然游戏的执行结果会与上次测试时的相同,但需要确保没有发生错误。

这部分的完整代码如下。

代码清单 22-16

```
local Players = game:GetService("Players")
local RunService = game:GetService("RunService")

local player = Players.LocalPlayer
local camera = game.Workspace.Camera
local mouse = player:GetMouse()

local playerGui = player:WaitForChild("PlayerGui")
local plopScreen = playerGui:WaitForChild("ScreenGui")
local plopButton = plopScreen:WaitForChild("PlopButton")

local raycastParameters = RaycastParams.new()
raycastParameters.FilterType = Enum.RaycastFilterType.Whitelist
raycastParameters.FilterDescendantsInstances = { game.Workspace.Surfaces }

local PLOP_MODE = "PLOP_MODE"
local RAYCAST_DISTANCE = 200

local function onRenderStepped()
    local mouseRay = camera:ScreenPointToRay(mouse.X, mouse.Y, 0)
    local raycastResults = game.Workspace:Raycast(mouseRay.Origin,
        mouseRay.Direction * RAYCAST_DISTANCE, raycastParameters)
end

local function onPlopButtonActivated()
    plopButton.Visible = false
    RunService:BindToRenderStep(PLOP_MODE, Enum.RenderPriority.Camera.Value + 1,
        onRenderStepped)
end

plopButton.Activated:Connect(onPlopButtonActivated)
```

22.4 预览物品

下一步是显示玩家鼠标指针指向的半透明的待摆放物品，让玩家可以预览摆放位置。本例中待摆放的对象的名称是 GhostChair，如果你使用的对象名称不同，可以在代码中修改。

1. 仍然在同一个脚本中创建变量来引用 ReplicatedStorage 和半透明的待摆放对象。

代码清单 22-17

```
local Players = game:GetService("Players")
local ReplicatedStorage = game:GetService("ReplicatedStorage")
```

```
local RunService = game:GetService("RunService")
...
...
raycastParameters.FilterDescendantsInstances = {game.Workspace.Surfaces}

local ghostObjects = ReplicatedStorage:WaitForChild("GhostObjects")
local ghostChair = ghostObjects:WaitForChild("GhostChair")

local PLOP_MODE = "PLOP_MODE"
...
```

> **提示　省略的代码**
> 代码示例中的…代表以前展示过的代码。

2. 创建一个名为 plopCFrame 的变量来存储玩家鼠标指针指向的区域。

代码清单 22-18

```
...
local ghostChair = ReplicatedStorage:WaitForChild("GhostChair")

local plopCFrame = nil

local PLOP_MODE = "PLOP_MODE"
...
```

3. 在 onRenderStepped() 函数内检查 Raycast() 的返回值是否为空。

代码清单 22-19

```
...
local function onRenderStepped()
    local mouseRay = camera:ScreenPointToRay(mouse.X, mouse.Y, 0)
    local raycastResults = game.Workspace:Raycast(mouseRay.Origin,
        mouseRay.Direction * RAYCAST_DISTANCE, raycastParameters)
    if raycastResults then
    
    end
end
...
```

4. 如果 Raycast() 的返回结果不为空，表示鼠标指针指向的这个区域有物品，把 plopCFrame 的值设为返回结果的位置。

代码清单 22-20

```
...
local function onRenderStepped()
    local mouseRay = camera:ScreenPointToRay(mouse.X, mouse.Y, 0)
    local raycastResults = game.Workspace:Raycast(mouseRay.Origin,
        mouseRay.Direction * RAYCAST_DISTANCE, raycastParameters)
    if raycastResults then
        plopCFrame = CFrame.new(raycastResults.Position)
    end
end
...
```

5. 使用 SetPrimaryPartCFrame() 函数把半透明物品移动到 plopCFrame 的位置。

代码清单 22-21

```
...
local function onRenderStepped()
    local mouseRay = camera:ScreenPointToRay(mouse.X, mouse.Y, 0)
    local raycastResults = game.Workspace:Raycast(mouseRay.Origin,
        mouseRay.Direction * RAYCAST_DISTANCE, raycastParameters)
    if raycastResults then
        plopCFrame = CFrame.new(raycastResults.Position)
        ghostChair:SetPrimaryPartCFrame(plopCFrame)
    end
end
...
```

6. 把半透明物品的父级设为 Workspace，在 else 语句中把对象的父级设回 ReplicatedStorage。

代码清单 22-22

```
...
local function onRenderStepped()
    local mouseRay = camera:ScreenPointToRay(mouse.X, mouse.Y, 0)
    local raycastResults = game.Workspace:Raycast(mouseRay.Origin, mouseRay.
Direction * RAYCAST_DISTANCE, raycastParameters)
    if raycastResults then
        plopCFrame = CFrame.new(raycastResults.Position)
        ghostChair:SetPrimaryPartCFrame(plopCFrame)
        ghostChair.Parent = game.Workspace
    else
        plopCFrame = nil
        ghostChair.Parent = ReplicatedStorage
    end
end
...
```

7. 测试游戏，确保在单击摆放按钮后，当把鼠标指针移到摆放区域时，可以看到半透明的椅子，如图 22.8 所示。

图22.8　单击摆放按钮后，把鼠标指针悬停在存储于Surfaces文件夹中的对象上时，
会出现半透明的摆放物品

总结

这一章介绍了如何创建只有玩家自己才能看到的半透明物品，还介绍了渲染步骤，即在短暂的屏幕刷新时间里计算应该显示的图形。

要把函数绑定到渲染步骤，可以使用 RunService:BindToRenderStep(bindingName, priority, functionName)，参数如下。

- **bindingName**：绑定的名称，它和函数名不一样，它用于把函数与渲染步骤进行连接或断开连接。
- **priority**：一个数值，表示在渲染步骤中调用绑定函数的优先级。
- **functionName**：要绑定的函数的名称。

下一章将介绍如何检测用户的鼠标单击，以确定物品的最终摆放位置。

问答

问　为什么在本章范例中对射线投射使用白名单？
答　白名单可以只检测某些对象。理论上，你可以把作品中的所有其他对象都列入黑名单，但这会是一个很长的列表，并且工作量会增加，因为每次向作品中添加对象，都需要更新黑名单。

实践

回顾所学知识，完成测验。

测验

1. 什么是渲染步骤?
2. BindToRenderStep() 是做什么的?
3. 向渲染步骤添加操作需要什么服务?
4. BindToRenderStep() 的第一个参数是什么,它的作用是什么?

答案

1. 渲染步骤是在刷新屏幕时计算应该出现在屏幕上的内容的过程。 2. BindToRenderStep() 可以把一个函数连接到渲染步骤,在渲染过程中调用函数。 3. RunService。 4. 绑定的名称,使用它不仅可以把函数连接到渲染步骤,也可以断开连接。

练习

使用跟范例一样的方式添加第二个待摆放物品,如图 22.9 所示。

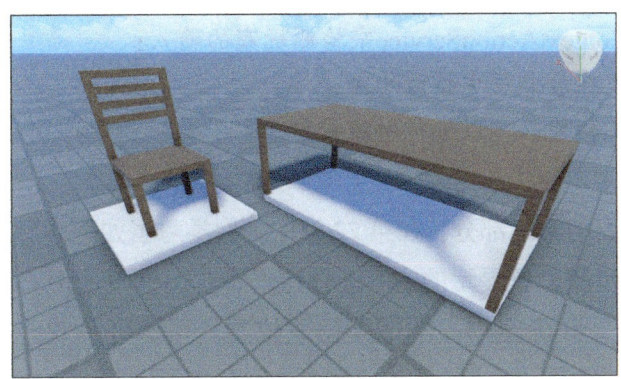

图22.9 待摆放的桌子

提示

▶ 模型需要一个底座部件作为主要部件(PrimaryPart)。

可以在附录中查看参考代码。

第 23 章

在游戏中摆放物品2

在这一章里你会学习：
- 如何使用ContextActionService来检测玩家的输入；
- 如何让玩家在服务器中摆放物品；
- 如何检测鼠标输入，以进行射线投射。

这是最后的项目的第二部分，在第22章中，你学习了如何检测玩家的鼠标移动，以及如何使用渲染步骤刷新显示的内容。在这一章中，你将使用 ContextActionService 来监听玩家的单击，并确定物品的最终摆放位置。可参考《欢迎来到 Bloxburg》，如图 23.1 所示。

图23.1　在《欢迎来到Bloxburg》中，玩家通过单击来装饰房屋和花园

23.1 检测鼠标输入

可以使用 ContextActionService 来监听玩家的单击，确定物品的最终摆放位置。

ContextActionService 可以用于在某些条件下执行某些操作。常见的用法是使用 BindAction() 绑定到玩家的输入操作，例如鼠标的单击、键盘按键被按下等，参数如下所示。

```
ContextActionService:BindAction(actionName, functionName, addMobileButton, inputTypes)
```

- **actionName**：绑定的名称。
- **functionName**：触发时调用的函数。
- **addMobileButton**：在移动设备屏幕上添加的对应按钮。
- **inputTypes**：触发此绑定的输入操作列表。

使用 BindAction() 绑定的函数需要包含以下参数。

```
onInput(actionName, inputState)
```

- **actionName**：绑定的名称。
- **inputState**：调用此函数时输入操作的状态。

如果不再需要监听某个输入操作，可以使用 UnbindAction() 函数删除相应绑定。

```
ContextActionService:UnbindAction(actionName)
```

1. 在第 22 章的脚本中创建变量来引用 ContextActionService，并创建变量来存储绑定名称。

代码清单 23-1
```
local ContextActionService = game:GetService("ContextActionService")
local Players = game:GetService("Players")
...
...
local plopCFrame = nil

local PLOP_CLICK = "PLOP_CLICK"
local PLOP_MODE = "PLOP_MODE"
...
```

2. 在 onPlopButtonActivated() 函数上方添加一个名为 onMouseInput() 的函数。

代码清单 23-2
```
...
local function onMouseInput(actionName, inputState)
```

```
end

local function onPlopButtonActivated()
...
```

3. 在 onPlopButtonActivated() 函数中使用 BindAction() 函数绑定 onMouseInput() 函数。

代码清单 23-3

```
...
local function onPlopButtonActivated()
    plopButton.Visible = false
    RunService:BindToRenderStep(PLOP_MODE,
        Enum.RenderPriority.Camera.Value + 1, onRenderStepped)
    ContextActionService:BindAction(PLOP_CLICK, onMouseInput, false,
        Enum.UserInputType.MouseButton1)
end
...
```

4. 在 onMouseInput() 函数中判断输入操作的状态是否为 End，这是玩家单击鼠标时的状态。

代码清单 23-4

```
...
local function onMouseInput(actionName, inputState)
    if inputState == Enum.UserInputState.End then

    end
end
...
```

5. 在 if 语句中把半透明的物品放回到 ReplicatedStorage 中。

代码清单 23-5

```
...
local function onMouseInput(actionName, inputState)
    if inputState == Enum.UserInputState.End then
        ghostChair.Parent = ReplicatedStorage
    end
end
...
```

6. 同样在 if 语句中使用 UnbindAction() 解除单击操作的绑定，使用 UnbindFrom

-RenderStep() 解除渲染步骤的绑定。

代码清单 23-6

```
...
local function onMouseInput(actionName, inputState)
    if inputState == Enum.UserInputState.End then
        ghostChair.Parent = ReplicatedStorage
        RunService:UnbindFromRenderStep(PLOP_MODE)
        ContextActionService:UnbindAction(PLOP_CLICK)
    end
end
...
```

7. 再次显示摆放按钮。

代码清单 23-7

```
...
local function onMouseInput(actionName, inputState)
    if inputState == Enum.UserInputState.End then
        ghostChair.Parent = ReplicatedStorage
        RunService:UnbindFromRenderStep(PLOP_MODE)
        ContextActionService:UnbindAction(PLOP_CLICK)
        plopButton.Visible = true
    end
end
...
```

8. 测试游戏，单击后，确认半透明物品会消失，并且摆放按钮会再次出现。

23.2 向服务器发送信息

现在需要让服务器知道玩家想摆放物品的位置，可以使用之前创建的 RemoteEvent。

1. 在同一个脚本中为 RemoteEvent 创建变量。

代码清单 23-8

```
...
local ghostChair = ReplicatedStorage:WaitForChild("GhostChair")

local events = ReplicatedStorage:WaitForChild("Events")
local plopEvent = events:WaitForChild("PlopEvent")

local raycastParameters = RaycastParams.new()
...
```

2. 在 onMouseInput() 函数末尾的 if 语句中添加"如果 plopCFrame 存在,则触发远程事件,并把 plopCFrame 作为参数传入 FireServer()"的代码。

代码清单 23-9

```
...
local function onMouseInput(actionName, inputState)
    if inputState == Enum.UserInputState.End then
        ghostChair.Parent = ReplicatedStorage
        RunService:UnbindFromRenderStep(PLOP_MODE)
        ContextActionService:UnbindAction(PLOP_CLICK)
        plopButton.Visible = true
        if plopCFrame then
            plopEvent:FireServer(plopCFrame)
        end
    end
end
...
```

提示 多种物品的处理 1

如果你做了第 22 章的练习,有多个摆放物品,就还需要向服务器发送物品的名称。

23.3 获取信息

在 ServerScriptService 中创建新脚本来监听 PlopEvent 事件,然后把物品摆放在每个玩家都能看到的位置。

1. 在 ServerScriptService 中创建一个 Script。
2. 为 ReplicatedStorage 和 ServerStorage 创建变量。

代码清单 23-10

```
local ReplicatedStorage = game:GetService("ReplicatedStorage")
local ServerStorage = game:GetService("ServerStorage")
```

3. 为 RemoteEvent 和椅子创建变量。

代码清单 23-11

```
local ReplicatedStorage = game:GetService("ReplicatedStorage")
local ServerStorage = game:GetService("ServerStorage")

local events = ReplicatedStorage.Events
```

```
local plopEvent = events.PlopEvent
local ploppables = ServerStorage.Ploppables
local chair = ploppables.Chair
```

4. 创建一个名为 onPlop() 的函数，包含参数 player 和 cframe。

代码清单 23-12
```
local ReplicatedStorage = game:GetService("ReplicatedStorage")
local ServerStorage = game:GetService("ServerStorage")

local events = ReplicatedStorage.Events
local plopEvent = events.PlopEvent
local ploppables = ServerStorage.Ploppables
local chair = ploppables.Chair

local function onPlop(player, cframe)

end
```

提示　多种物品的处理 2
如果有多种物品需要摆放，需要在函数里添加一个参数来获取物品的名称。

5. 把 onPlop() 函数连接到 plopEvent 事件。

代码清单 23-13
```
local ReplicatedStorage = game:GetService("ReplicatedStorage")
local ServerStorage = game:GetService("ServerStorage")

local events = ReplicatedStorage.Events
local plopEvent = events.PlopEvent
local ploppables = ServerStorage.Ploppables
local chair = ploppables.Chair

local function onPlop(player, cframe)
end

plopEvent.OnServerEvent:Connect(onPlop)
```

6. 在 onPlop() 函数中使用 Clone() 函数复制一把椅子。

代码清单 23-14
```
local ReplicatedStorage = game:GetService("ReplicatedStorage")
local ServerStorage = game:GetService("ServerStorage")
```

```
local events = ReplicatedStorage.Events
local plopEvent = events.PlopEvent
local ploppables = ServerStorage.Ploppables
local chair = ploppables.Chair

local function onPlop(player, cframe)
    local chairCopy = chair:Clone()
end

plopEvent.OnServerEvent:Connect(onPlop)
```

7. 把复制的椅子移到 CFrame 的位置,并把它的父级设为 Workspace。

代码清单 23-15
```
local ReplicatedStorage = game:GetService("ReplicatedStorage")
local ServerStorage = game:GetService("ServerStorage")

local events = ReplicatedStorage.Events
local plopEvent = events.PlopEvent
local ploppables = ServerStorage.Ploppables
local chair = ploppables.Chair

local function onPlop(player, cframe)
    local chairCopy = chair:Clone()
    chairCopy:SetPrimaryPartCFrame(cframe)
    chairCopy.Parent = game.Workspace
end

plopEvent.OnServerEvent:Connect(onPlop)
```

8. 测试游戏,在希望摆放的位置单击鼠标,确认物品被添加到 Workspace 里,可以尝试多摆放几把椅子。

总结

恭喜!你已经完成了一个贯穿本书所有知识的大项目。以下是你制作的摆放系统的技术总结,该系统可以帮助玩家装饰环境。

1. 使用射线投射来检测鼠标指针指向的区域,白名单可以让它只返回某些对象。
2. 玩家可以使用鼠标拖动半透明的临时物品,并把函数绑定到渲染步骤来刷新物品的位置。
3. 玩家通过单击来确定物品的摆放位置,使用 ContextActionService 可以把函数绑定到单击事件,然后摆放物品。

这是本书的最后一章,但你在本书学习过程中编写的代码只是一个起点,你还有很多东西需要学习。你可以扩展和使用本书中的范例项目。罗布乐思开发者论坛是一个很棒的社区,可以为你提供很多帮助,并且上面有很多范例代码可以供你参考和使用。

当你编写代码时，记住要让资源文件保持整齐，并且要在多种情况下测试你的代码。你需要考虑影响代码执行结果的不同情况，例如不同的屏幕尺寸、服务器中的不同人数。还可以让其他人测试你的作品，确保一切都按预期进行。

如果你想了解关于开发作品的更多信息，例如照明、声音、环境和动画等方面的更多信息，可以查看系列图书《罗布乐思开发官方指南：从入门到实践》。

问答

问 当不需要摆放物品按钮时，如何隐藏它们？

答 你可以把所有的摆放按钮 GUI 都放在一个 Frame 中，例如一个称为装饰或商店的 Frame。在默认情况下，禁用 Frame，创建另一个按钮，当玩家单击这个按钮时，启用或禁用 Frame 就可以实现查看或隐藏所有摆放按钮的功能。

问 ContextActionService 还可以应用在哪些场景中？

答 你可以根据玩家的场景行为启用按钮，例如，如果玩家角色在车里，可以启用按钮作为刹车、加油和喇叭；如果玩家角色不在车里，可以禁用这些按钮。

实践

回顾所学知识，完成测验。

测验

1. ContextActionService 可以做什么？
2. 什么函数可以让你在某些情况下启用某些按键？
3. 如果有多个待摆放的物品，除了基本的代码，还需要传递哪些参数给服务器？

答案

1. ContextActionService 可以让你在某些条件下触发某个操作。 2. BindAction() 函数。 3. 物品的名称。

练习

尝试添加功能，让玩家在摆放物品时可以旋转物品。每次玩家按键时，物品都可以旋转一定的角度。

提示
- ▶ 创建一个常量来保存物品一次旋转的度数。
- ▶ 使用 ContextActionService 启用按键来旋转对象，例如键盘上的 R 键。

可以在附录中查看参考代码。

附录 A
罗布乐思基础知识

表 A-1 所示是使用罗布乐思 Studio 进行摄像机操作时的常用按键和相关说明。

表A-1 罗布乐思Studio中摄像机的操作

项目类型	描述
W、A、S、D	移动摄像机 W：上 A：左 S：下 D：右
E	升起摄像机
Q	降下摄像机
Shift	缓慢移动摄像机
鼠标右键（按住并拖动鼠标）	旋转摄像机
鼠标中键（按住并拖动鼠标）	拖动摄像机
鼠标滚轮	放大或缩小镜头
F	聚焦到选中的对象

A.1　Lua中的保留关键字

以下是 Lua 中的保留关键字，不能用作变量和函数的名称。

and	break	do	else	elseif	end	false
function	for	if	in	local	nil	not
or	repeat	return	then	true	until	while

以下是罗布乐思平台附加的关键字。

script　　　　　game　　　　　self　　　　　　workspace

A.2　数据类型索引

A.2.1　Lua数据类型

boolean　　　　function　　　　nil　　　　　number
string　　　　　thread　　　　　table　　　　userdata

A.2.2　罗布乐思Lua数据类型

罗布乐思已经把以下数据类型添加到基础 Lua 中，可以查看罗布乐思开发者官方网站的 API 页面，了解特定数据类型的更多信息。

A	B	C
Axes	BrickColor	CatalogSearchParams
		CFrame
		Color3
		ColorSequence
		ColorSequenceKeypoint

D	E	F
DateTime	Enum	Faces
DockWidgetPluginGuiInfo	EnumItem	
	Enums	

I	N	P
Instance	NumberRange	PathWaypoint
	NumberSequence	PhysicalProperties
	NumberSequenceKeypoint	

R	T	U
Random	TweenInfo	UDim
Ray		UDim2
RaycastParams		
RaycastResult		
RBXScriptConnection		
RBXScriptSignal		
Rect		
Region3		
Region3int16		

V
Vector2
Vector2int16ector2
Vector3
Vector3int16

A.3 运算符

运算符是用于执行运算或进行条件判断的一组特殊符号。

A.3.1 逻辑运算符

条件语句的逻辑运算符是 and、or 和 not，这些运算符会把 false 和 nil 都视为 false，把其他任何内容视为 true。说明如表 A-2 所示。

表A-2 逻辑运算符

运算符	描述
and	仅当两个条件都为true时才判断为true
or	任意一个条件为true，则判断为true
not	判断结果与条件相反

A.3.2 关系运算符

关系运算符用于比较两个参数，并返回布尔值 true 或 false，说明如表 A-3 所示。

表A-3 关系运算符

运算符	描述	关联元方法
==	等于	__eq
~=	不等于	—
>	大于	—
<	小于	__lt
>=	大于或等于	—
<=	小于或等于	__le

A.3.3 算术运算符

Lua 支持的常用算术运算符除加、减、乘、除外，还有乘幂、取余和负号，说明如表 A-4 所示。

表A-4 算术运算符

运算符	描述	例子	关联元方法
+	加	1 + 1 = 2	__add
−	减	1 − 1 = 0	__sub
*	乘	5 * 5 = 25	__mul
/	除	10 / 5 = 2	__div
^	乘幂	2 ^ 4 = 16	__pow
%	取余	13 % 7 = 6	__mod
−	负号	−2 = 0 − 2	__unm

A.3.4 其他运算符

其他运算符包括连接和求长度，如表 A-5 所示。

表A-5 其他运算符

运算符	描述	关联元方法
..	连接两个字符串	__concat
#	表的长度	__len

A.4 命名约定

- 使用完整拼写的单词，虽然缩写的单词可以使代码容易编写，但会使代码难以阅读。
- 对类和对象使用大驼峰命名法。
- 对罗布乐思的 API 使用大驼峰命名法，大部分以小驼峰命名法命名的 API 已被弃用，但目前仍然有效。
- 对局部变量、成员值和函数使用小驼峰命名法。
- 对于名称中的缩略词，只把首字母大写，不要把所有字母都大写，例如 JsonVariable 和 MakeHttpCall。
- 当缩写代表一个集合时是例外情况，例如 RGBValue 和 GetXYZ。这种情况下，RGB 被看作 RedGreenBlue 集合的缩写。
- 对局部常量使用全大写命名法，例如 LOUD_SNAKE_CASE。

- 使用下划线作为私有成员的前缀，例如 _camelCase。
- Lua 没有显示和隐藏的规则，所以使用下划线这样的字符作为私有的标志。
- 模块脚本的名称应该与返回对象的名称一致。

A.5 动效参数

动效的参数定义了渐变的样式和方向，如表 A-6 和表 A-7 所示。

表A-6 渐变样式

样式	描述
Linear	以恒定速度移动
Sine	移动速度由一个正弦波来决定
Back	渐变移动返回某个地方或者退出某个地方
Quad	以二阶插值的方式渐入或者渐出
Quart	和Quad类似，但更强调开始位置和结束位置
Quint	和Quad类似，但对开始位置和结束位置的强调程度更深
Bounce	移动时给人的感觉就好像渐变的起始位置和结束位置在跳动
Elastic	移动时给人的感觉就好像是对象连着一根橡皮筋

表A-7 渐变方向

方向	描述
In	渐变开始时速度较慢，越接近结束位置速度越快
Out	渐变开始时速度较快，越接近结束位置速度越慢
InOut	渐入和渐出存在于同一个渐变过程中，最开始是渐入，从中间开始渐出效果生效

A.6 练习的参考方案

以下是每一章练习的参考方案，你的方案可能会有所不同。

第1章

创建一个部件，玩家角色触碰这个部件后会被破坏。

位置和类型：Part > Script

代码清单 A-1

```lua
-- 破坏任何触碰部件的东西
local lava = script.Parent
local function onTouch(partTouched)
    partTouched:Destroy()
    -- 让玩家角色从熔岩中掉下来
    lava.CanCollide = false
end
lava.Touched:Connect(onTouch)
```

第2章

练习1

使用代码把常规的部件变成带有问候语和脸的 NPC。

位置和类型：Part > Script

代码清单 A-2

```lua
-- 把脚本的父级部件变成一个NPC

local guideNPC = script.Parent
local message = "Don't fall in!"
local decal = Instance.new("Decal")

guideNPC.Transparency = 0.25
guideNPC.Dialog.InitialPrompt = message
guideNPC.Color = Color3.fromRGB(40, 0, 160)
decal.Parent = guideNPC
```

练习2

使用代码在世界中心创建一个部件，并给它一个面孔和对话框。

位置和类型：ServerScriptService > Script

代码清单 A-3

```lua
-- 在世界中心创建一个NPC
local newNPC = Instance.new("Part")
local message = "Don't fall in!"
local dialog = Instance.new("Dialog")
local decal = Instance.new("Decal")

dialog.InitialPrompt = message
dialog.Parent = newNPC
```

```
decal.Texture = "rbxassetid://494291269"
decal.Parent = newNPC

newNPC.Transparency = 0.25
newNPC.Color = Color3.fromRGB(40, 0, 160)
newNPC.Anchored = true
newNPC.Parent = workspace
```

第3章

使用按钮显示和隐藏桥。

位置和类型：Part > Script

代码清单 A-4

```
-- 触摸按钮时显示桥

local button = script.Parent
local bridge = workspace.BridgePiece01 -- 找到桥

local function deactivateBridge()
    bridge.Transparency = 1
    bridge.CanCollide = false
end

local function onTouch()
    bridge.Transparency = 0
    bridge.CanCollide = true
    -- 等待足够的时间让玩家角色通过
    wait(3.0)
    deactivateBridge()
end

button.Touched:Connect(onTouch)
```

第4章

创建一个部件，让触碰它的东西着火。

位置和类型：Part > Script

代码清单 A-5

```
-- 让触碰 bonfire 的东西着火
local bonfire = script.Parent
```

```
local function onTouch(otherPart)
    local fire = Instance.new("Fire")
    fire.Parent = otherPart
end

bonfire.Touched:Connect(onTouch)
```

第5章

创建一个部件，当有东西触碰到这个部件时，如果这个东西是 Humanoid，就提高这个东西的行走速度。

位置和类型：Part > Script

代码清单 A-6

```
-- 把触碰到部件的玩家角色的步行速度设为 50
local ServerStorage = game:GetService("ServerStorage")
local speedBoost = script.Parent

local function onTouch(otherPart)
    -- 查找 Humanoid，并存储在变量中
    local character = otherPart.Parent
    local humanoid = character:FindFirstChildWhichIsA("Humanoid")

    -- 判断是否为 Humanoid 以及是否已经加速
    if humanoid and humanoid.WalkSpeed <= 16 then
        -- 假设有一个名为 SpeedParticles 的粒子发射器
        local speedParticles = ServerStorage.SpeedParticles:Clone()
        speedParticles.Parent = otherPart
        humanoid.WalkSpeed = 50
        wait(2.0)
        humanoid.WalkSpeed = 16
        speedParticles:Destroy()
    end
end

speedBoost.Touched:Connect(onTouch)
```

第6章

练习1

思考改进代码的方法很重要，以下是一些可以改进你目前的代码的方法，你可能

还可以想到更多的方法。

- 在功能冷却时，玩家还能使用邻近提示，他可能会感到困惑，此时可以隐蔽邻近提示。
- 可能有些玩家视力差或者患有色盲，在采矿时添加声音，可以让他知道采矿成功了，并且可以使他感觉更轻松。
- 当玩家退出游戏后，再次进入游戏，会发现他的得分丢失了。
- 开始采矿后，很难判断是否得到了黄金，可以增加一个粒子效果或一个声音效果作为提示。
- 在速度部件的案例中，只允许玩家触碰部件后得到固定的速度，可以修改一下，让玩家每触碰到一个部件，就走得越来越快。

练习2

让接触到部件的玩家角色变大（或变小）。

位置和类型：Part > Script

代码清单 A-7

```lua
-- 缩放触碰到部件的玩家角色
local growthPotion = script.Parent
local originalColor = growthPotion.Color -- 获取部件的初始颜色
local isEnabled = true
local COOLDOWN = 3.0
local SCALE_AMOUNT = 2.0 -- 缩放玩家角色的系数

local function onTouch(otherPart)
    local otherPartParent = otherPart.Parent
    local humanoid = otherPartParent:FindFirstChildWhichIsA("Humanoid")

    if isEnabled == true and humanoid then
        isEnabled = false
        growthPotion.Color = Color3.fromRGB(7, 30, 39)

        local headScale = humanoid.HeadScale
        local bodyDepthScale = humanoid.BodyDepthScale
        local bodyWidthScale = humanoid.BodyWidthScale
        local bodyHeightScale = humanoid.BodyHeightScale

        headScale.Value = headScale.Value * SCALE_AMOUNT
        bodyDepthScale.Value = bodyDepthScale.Value * SCALE_AMOUNT
        bodyWidthScale.Value = bodyWidthScale.Value * SCALE_AMOUNT
        bodyHeightScale.Value = bodyHeightScale.Value * SCALE_AMOUNT
```

```
            wait(COOLDOWN)

            isEnabled = true
            growthPotion.Color = originalColor
        end
end

growthPotion.Touched:Connect(onTouch)
```

第7章

在这个案例中,假设玩家可以同时收集木柴和金矿石,这两种物品都将显示在排行榜中。

使用部件或网格作为树,并为其自定义特性。

- 名称:ResourceType。
- 类型:String。
- 值:Logs。

火的脚本

位置和类型:ServerScriptService > Script

代码清单 A-8

```
local ProximityPromptService = game:GetService("ProximityPromptService")

-- 收集木柴持续的时间
local BURN_DURATION = 3

local function onPromptTriggered(prompt, player)
    if prompt.Enabled and prompt.Name == "AddFuel" then
        local playerstats = player.leaderstats

        local logs = playerstats.Logs
        if logs.Value > 0 then

            logs.Value -= 1
            local campfire = prompt.Parent
            local fire = campfire.Fire

            local currentFuel = campfire:GetAttribute("Fuel")
            campfire:SetAttribute("Fuel", currentFuel + 1)

            if not fire.Enabled then
                fire.Enabled = true
```

```
                while campfire:GetAttribute("Fuel") > 0 do
                    local currentFuel = campfire:GetAttribute("Fuel")
                    campfire:SetAttribute("Fuel", currentFuel - 1)
                    wait(BURN_DURATION)
                end
                fire.Enabled = false
            end
        end
    end
end

ProximityPromptService.PromptTriggered:Connect(onPromptTriggered)
```

排行榜的脚本

位置和类型：ServerScriptService > Script

代码清单 A-9

```
local Players = game:GetService("Players")

local function statsSetup(player)
    local leaderstats = Instance.new("Folder")
    leaderstats.Name = "leaderstats"
    leaderstats.Parent = player

    local gold = Instance.new("IntValue")
    gold.Name = "Gold"
    gold.Value = 0
    gold.Parent = leaderstats

    local logs = Instance.new("IntValue")
    logs.Name = "Logs"
    logs.Value = 5
    logs.Parent = leaderstats
end

Players.PlayerAdded:Connect(statsSetup)
```

收集的脚本

位置和类型：ServerScriptService > Script

代码清单 A-10

```
local ProximityPromptService = game:GetService("ProximityPromptService")

local DISABLED_DURATION = 10
```

```
local function onPromptTriggered(prompt, player)
    local node = prompt.Parent
    local resourceType = node:GetAttribute("ResourceType")
    if resourceType and prompt.Enabled then
        prompt.Enabled = false
        node.Transparency = 0.8

        local leaderstats = player.leaderstats
        local resourceStat = leaderstats:FindFirstChild(resourceType)
        resourceStat.Value += 1

        wait(DISABLED_DURATION)

        prompt.Enabled = true
        node.Transparency = 0
    end
end

ProximityPromptService.PromptTriggered:Connect(onPromptTriggered)
```

第8章

练习1

为火创建一个可检测触碰的部件，对触碰它的玩家角色持续造成伤害。

位置和类型：Part > Script

代码清单 A-11

```
-- 对触碰到 hitBox 的玩家角色持续造成伤害
local hitBox = script.Parent
local BURN_DURATION = 3
local DAMAGE_PER_TICK = 10

local enabled = true

local function onTouch(otherPart)
    local otherPartParent = otherPart.Parent
    local humanoid = otherPartParent:FindFirstChildWhichIsA("Humanoid")

    if humanoid and enabled == true then
        enabled = false
        for burnCount = 0 , BURN_DURATION, 1 do
            humanoid.Health = humanoid.Health - DAMAGE_PER_TICK
            wait(1.0)
```

```
            end
            enabled = true
        end
end

hitBox.Touched:Connect(onTouch)
```

练习2

以下是几种可以使用循环的情况。

- **日夜循环**：可以使用 while 循环来模拟一天的时间。
- **季节性周期**：类似于日夜周期，在 while 循环里触发每个季节的环境变化。
- **同时更改多个对象**：循环可用于遍历一系列的对象，并对其进行更改。例如，你可以更改多个对象的外观，就可以形成上面提及的季节性周期。
- **创建游戏里的回合**：一些作品是基于回合来控制游戏开始的。
- **制作可以消失的楼梯或桥**：循环可以使对象不断地消失和重新出现。
- **武器冷却时间**：在使用法术或技能之后，需要补充能量才能进行第二次使用，使用循环可以控制补充能量的冷却时间。也可以使用 wait()，但使用循环可以更好地进行控制。
- **使物体来回移动**：可以是一个在预设的路径上行走的 NPC，也可以是一个从 A 点移动到 B 点的传送平台。

第9章

创建一个脚本来更改多个部件的外观，本示例是把一棵松树从绿色变为白色。

位置和类型：ServerScriptService > Script

代码清单 A-12

```
local treeFolder = workspace.Trees

local trees = treeFolder:GetChildren()

for index, tree in ipairs(trees) do

    local leaves = tree:GetChildren()
    for index, value in ipairs(leaves) do
        if value:isA("BasePart") then
            value.Color = Color3.fromRGB(129, 157, 146)
            -- 如果你想观察它的变化，可以添加等待函数
            wait(0.005)
```

```
        else
            print("Not a BasePart")
        end
    end
end
```

第10章

当新玩家进入游戏时，交替地把他们分配到红队或蓝队，并输出队伍状态。

位置和类型：ServerScriptService > Script

代码清单 A-13
```
Players = game:GetService("Players")
local AssignRed = true

local teamAssigments = {

}

local function printTeamAssignments()
    print("Teams are:")
    for player, team in pairs(teamAssigments) do
        print(player.name .. " is on " .. team .. " team" )
    end
end

local function assignTeam(newPlayer)

    local name = newPlayer.Name
    print("hello " .. name)
    if AssignRed == true then
        teamAssigments[newPlayer] = "Red"
        AssignRed = false

    else
        teamAssigments[newPlayer] = "Blue"
        AssignRed = true
    end

    printTeamAssignments()
end

Players.PlayerAdded:Connect(assignTeam)
```

第11章

小练习中的Leaderstat的代码

如果你没有在小练习中制作排行榜，可以使用以下脚本。

脚本名称：PlayerStats

位置和类型：ServerScriptService > Script

代码清单A-14

```
local Players = game:GetService("Players")

local function statsSetup(player)
    local leaderstats = Instance.new("Folder")
    leaderstats.Name = "leaderstats"
    leaderstats.Parent = player
    
    local gold = Instance.new("IntValue")
    gold.Name = "Gold"
    gold.Value = 40
    gold.Parent = leaderstats
    
    local logs = Instance.new("IntValue")
    logs.Name = "Logs"
    logs.Value = 5
    logs.Parent = leaderstats
end

Players.PlayerAdded:Connect(statsSetup)
```

练习

本练习的目的是从服务器检索所有商品的信息，而不是像小练习那样显示固定的商品信息。

1. 创建一个RemoteFunction并命名为GetShopInfo（见图A.1）。

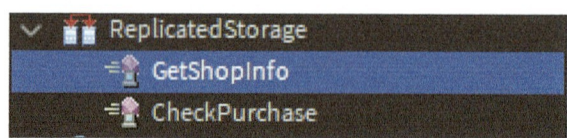

图A.1 创建一个RemoteFunction

2. 给商品添加特性，这些特性包括NumberToGive、Price和StatName（见图A.2）。

A.6 练习的参考方案

图A.2 给商品添加特性

突出显示的代码是本练习增加的，没有突出显示的代码是之前的小练习中的。

代码清单 A-15

```
local ReplicatedStorage = game:GetService("ReplicatedStorage")
local Players = game:GetService("Players")
local ServerStorage = game:GetService("ServerStorage")

local checkPurchase = ReplicatedStorage:WaitForChild("CheckPurchase")
local getShopInfo = ReplicatedStorage:WaitForChild("GetShopInfo")

local shopItems = ServerStorage.ShopItems

local function confirmPurchase(player, purchaseType)
    local leaderstats = player.leaderstats
    local currentGold = leaderstats:FindFirstChild("Gold")

    local purchaseType = shopItems:FindFirstChild(purchaseType)
    local resourceStat =
        leaderstats:FindFirstChild(purchaseType:GetAttribute("StatName"))
    local price = purchaseType:GetAttribute("Price")
    local numberToGive = purchaseType:GetAttribute("NumberToGive")

    local serverMessage
```

```
        if currentGold.Value >= price then
            currentGold.Value = currentGold.Value - price
            resourceStat.Value += numberToGive

            serverMessage = ("Purchase Successful!")
        elseif currentGold.Value < price then
            serverMessage = ("Not enough Gold")
        else
            serverMessage = ("Didn't find necessary info")
        end
        return serverMessage
end

-- 本练习增加的
local function getButtonInfo(player, purchaseType)
    local purchaseType = shopItems:FindFirstChild(purchaseType)

    local numberToGive = purchaseType:GetAttribute("NumberToGive")
    local statName = purchaseType:GetAttribute("StatName")
    local price = purchaseType:GetAttribute("Price")

    return numberToGive, statName, price
end

checkPurchase.OnServerInvoke = confirmPurchase
getShopInfo.OnServerInvoke = getButtonInfo -- 本练习增加的
```

ButtonManager

位置和类型：StarterGui > ShopGui (ScreenGui) > Buy3Logs (TextButton) > ButtonManager (LocalScript)

代码清单 A-16

```
local ReplicatedStorage = game:GetService("ReplicatedStorage")

local checkPurchase = ReplicatedStorage:WaitForChild("CheckPurchase")
local getShopInfo = ReplicatedStorage:WaitForChild("GetShopInfo")

local button = script.Parent
local purchaseType = button:GetAttribute("PurchaseType")
-- 本练习增加的
local numberToGive, statName, price = getShopInfo:InvokeServer(purchaseType)
local defaultText = "Buy " .. numberToGive .. statName .. " for " .. price

button.Text = defaultText
```

```
local COOLDOWN = 2.0

local function onButtonActivated()

    local confirmationText = checkPurchase:InvokeServer(purchaseType)
    button.Text = confirmationText
    button.Selectable = false
    wait(COOLDOWN)
    button.Text = defaultText
    button.Selectable = true
end

button.Activated:Connect(onButtonActivated)
```

第12章

在本练习中，需要向所有客户端显示选择了哪张地图。

项目管理器中的内容如图 A.3 所示。

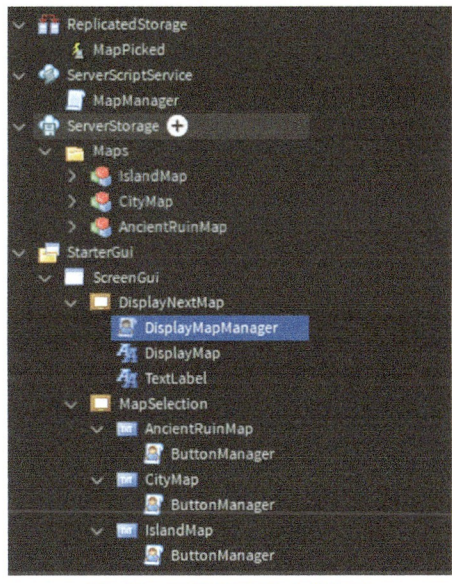

图A.3 项目管理器中的内容

代码清单 A-17

```
local ReplicatedStorage = game:GetService("ReplicatedStorage")
local mapPicked = ReplicatedStorage:WaitForChild("MapPicked")

local ServerStorage = game:GetService("ServerStorage")
```

```
local mapsFolder = ServerStorage:WaitForChild("Maps")
local currentMap = nil

local function announceMap(player, chosenMap)
    print("server says".. chosenMap)
    mapPicked:FireAllClients(chosenMap)
end

local function onMapPicked(player, chosenMap)
    local mapChoice = mapsFolder:FindFirstChild(chosenMap)

    if mapChoice then
        if currentMap then
            currentMap:Destroy()
        end
        currentMap = mapChoice:Clone()
        currentMap.Parent = workspace
    else
        print("Map choice not found")
    end
end

mapPicked.OnServerEvent:Connect(announceMap)
mapPicked.OnServerEvent:Connect(onMapPicked)
```

DisplayMapManager

位置和类型：StarterGui > Frame > LocalScript

代码清单 A-18

```
local ReplicatedStorage = game:GetService("ReplicatedStorage")
local nextMap = ReplicatedStorage:WaitForChild("MapPicked")

local frame = script.Parent
local displayMap = frame.DisplayMap

local DISPLAY_DURATION = 4.0

local function onMapPicked(chosenMap)
    displayMap.Text = chosenMap
    frame.Visible = true
    wait(DISPLAY_DURATION)
    frame.Visible = false
end
nextMap.OnClientEvent:Connect(onMapPicked)
```

第13章

本练习可以把之前的陷阱部件的脚本转换为 ModuleScript，这个 ModuleScript 不仅可以扩展为让玩家失去所有生命值，还可以扩展为失去部分生命值，或者恢复生命值。

PickupManager

位置和类型：ServerStorage > ModuleScript

代码清单 A-19
```
local PickupManager = {}

function PickupManager.modifyHealth(part)
    local character = part.Parent
    local humanoid = character:FindFirstChild("Humanoid")

    if humanoid then
        humanoid.Health = 0
    end
end

return PickupManager
```

OnTouch

位置和类型：Part > Script

代码清单 A-20
```
local ServerStorage = game:GetService("ServerStorage")
local PickupManager = require(ServerStorage.PickupManager)

local trap = script.Parent

local function onTouch(part)
    PickupManager.modifyHealth(part)
end

trap.Touched:Connect(onTouch)
```

第14章

本练习要求把玩家角色从一个部件传送到另一个部件。

跳板代码

名称：JumpPadManager

位置和类型：ServerStorage > ModuleScript

代码清单 A-21

```lua
local JumpPadManager = {}

-- 使用 local，因为它们不需要在 ModuleScript 之外使用
local JUMP_DURATION = 1.0
local JUMP_DIRECTION = Vector3.new(0, 6000, 0)

-- 不使用 local，因为跳板需要调用这个函数
function JumpPadManager.jump(part)
    local character = part.Parent
    local humanoid = character:FindFirstChildWhichIsA("Humanoid")
    
    if humanoid then
        local humanoidRootPart = character:FindFirstChild("HumanoidRootPart")
        local vectorForce = humanoidRootPart:FindFirstChild("VectorForce")
        if not vectorForce then
            vectorForce = Instance.new("VectorForce")
            vectorForce.Force = JUMP_DIRECTION
            vectorForce.Attachment0 = humanoidRootPart.RootRigAttachment
            vectorForce.Parent = humanoidRootPart
            wait(JUMP_DURATION)
            vectorForce:Destroy()
        end
    end
end

return JumpPadManager
```

名称：OnTouchManager

位置和类型：Part > Script

代码清单 A-22

```lua
local ServerStorage = game:GetService("ServerStorage")
local JumpPadManager = require(ServerStorage.JumpPadManager)

local jumpPad = script.Parent

local function onTouch(otherPart)
    JumpPadManager.jump(otherPart)
```

```
end
jumpPad.Touched:Connect(onTouch)
```

练习

本练习要求把玩家角色从一个部件传送到另一个部件。

制作：创建一个名为 Origin 的部件和一个名为 Destination 的部件。

脚本名称：OnTouchTeleport

位置和类型：Part > Script

代码清单 A-23

```
local ServerStorage = game:GetService("ServerStorage")

local origin = script.Parent
local destination = workspace.Destination

-- 把玩家从起始部件传送到目的部件
local function teleportPlayer(otherPart)
    local character = otherPart.Parent
    local humanoid = character:FindFirstChild("Humanoid")
    if humanoid then
        character:SetPrimaryPartCFrame(CFrame.new(destination.Position))
    end
end
origin.Touched:Connect(teleportPlayer)
```

第15章

创建一个 SpotLight，使其不断循环地从一种颜色过渡到另一种颜色。方案是让灯光在初始的颜色和目标的颜色之间来回渐变，渐变样式使用 Bounce。Bounce 可以产生轻微的闪烁效果，所以这个脚本也适用于实现篝火之类的效果。

名称：SpotLightManager

位置和类型：Part > Script

制作：在部件里创建一个 SpotLight。

代码清单 A-24

```
local TweenService = game:GetService("TweenService")
local lightModel = script.Parent
local spotLight = lightModel:FindFirstChild("SpotLight")
```

```lua
local tweenInfo = TweenInfo.new(
    3.0,
    Enum.EasingStyle.Bounce,
    Enum.EasingDirection.InOut,
    -1,
    true
)

local goal = {}
goal.Color = Color3.fromRGB(255, 0, 255)

local spotLightTween = TweenService:Create(spotLight, tweenInfo, goal)

spotLightTween:Play()
```

第16章

使用字典来存储玩家的击杀数、死亡数和助攻数，并根据击杀数对字典进行从大到小的排序，如果击杀数相同，再按助攻数从大到小排序。

位置和类型：ServerScriptService > Script

代码清单 A-25

```lua
-- 示例字典
local playerKDA = {
    Anna = {kills = 0, deaths = 2, assists = 20},
    Beth = {kills = 7, deaths = 5, assists = 0},
    Cat = {kills = 7, deaths = 0, assists = 5},
    Dani = {kills = 5, deaths = 20, assists = 8},
    Ed = {kills = 1, deaths = 1, assists = 8},
}

-- 插入数组
local sortedKDA = {}

for key, value in pairs(playerKDA) do
    table.insert(sortedKDA, {playerName = key, kills = value.kills, deaths = value.deaths, assists = value.assists})
end

-- 如果需要排查问题，可以在这里输出信息
print("Original array:")
print(sortedKDA)

-- 优先按击杀数排序，击杀数相同时再按助攻数排序
```

```
local function sortByKillsAndAssists(a,b)
    return (a.kills > b.kills) or (a.kills == b.kills and a.assists > b.assists)
end

table.sort(sortedKDA, sortByKillsAndAssists)
print("Sorted array:")
print(sortedKDA)
```

第17章

每当玩家进入游戏时，都赠送金币给玩家。本练习只在输出窗口中输出每个玩家的金币数量，你也可以扩展代码以排行榜或 GUI 来显示玩家的金币数量。

位置和类型：ServerScriptService > Script

代码清单 A-26

```
local DataStoreService = game:GetService("DataStoreService")
local goldDataStore = DataStoreService:GetDataStore("Gold")
local Players = game:GetService("Players")

local GOLD_ON_JOIN = 5.0

local function onPlayerAdded(player)
    local playerKey = "Player_" .. player.UserId

    -- 使用 UpdateAsync() 获取旧值，并更新为新值
    local updateSuccess, errorMessage = pcall(function ()
        goldDataStore:UpdateAsync(playerKey, function (oldValue)
            local newValue = oldValue or 0
            newValue = newValue + GOLD_ON_JOIN
            return newValue
        end)
    end)

    -- 检查是否有错误
    if not updateSuccess then
        print(errorMessage)
    end

    -- 获取数据也使用 pcall()
    local getSuccess, currentGold = pcall(function()
        return goldDataStore:GetAsync(playerKey)
    end)

    if getSuccess then
        print(player.Name .. " has " .. currentGold)
```

```
        end
end

Players.PlayerAdded:Connect(onPlayerAdded)
```

第18章

创建一个信息通知模块,在回合开始和结束时输出"Match starting"和"Match over"。

信息通知模块

位置和类型:ServerStorage > ModuleScripts > ModuleScript

代码清单 A-27

```
local Announcements = {}

-- 服务
local Players = game:GetService("Players")
local ServerStorage = game:GetService("ServerStorage")

local events = ServerStorage.Events
local roundEnd = events.RoundEnd
local roundStart = events.RoundStart

local function onRoundStart()
    print("Match starting")
end

local function onRoundEnd()
    print("Match over")
end

roundStart.Event:Connect(onRoundStart)
roundEnd.Event:Connect(onRoundEnd)

return Announcements
```

修改RoundManager

代码清单 A-28

```
-- 服务
local ServerStorage = game:GetService("ServerStorage")
local Players = game:GetService("Players")
```

```lua
-- 模块脚本
local moduleScripts = ServerStorage.ModuleScripts
local playerManager = require(moduleScripts.PlayerManager)

local announcements = require(moduleScripts.Announcements)
local roundSettings = require(moduleScripts.RoundSettings)

-- 事件
local events = ServerStorage.Events
local roundStart = events.RoundStart
local roundEnd = events.RoundEnd

while true do
    repeat
        wait(roundSettings.intermissionDuration)
    until Players.NumPlayers >= roundSettings.minimumPeople
    roundStart:Fire()
    wait(roundSettings.roundDuration)
    roundEnd:Fire()
end
```

第19章

创建一个 NPC 类，NPC 对象可以输出自己的名字。

代码清单 A-29

```lua
local Person = {}
    Person.__index = Person

function Person.new(name)
    local self = {}
    setmetatable(self, Person)

    self.name = name

    return self
end

function Person:sayName()
    print("My name is", self.name)
end

local sam = Person.new("Sam")
sam:sayName() -- 输出 My name is Sam
```

第20章

想象一下,你正在创建一个角色扮演游戏,希望玩家可以从事不同的职业。创建一个父类职业和两个子类职业,分别代表玩家可以在游戏中扮演的角色。

代码清单 A-30

```lua
local Job = {}
Job.__index = Job

function Job.new()
    local self = {}
    setmetatable(self, Job)
    self.experience = 0
    return self
end

function Job:gainExperience(experience)
    self.experience = experience
end

function Job:attack()
    print("I attack the enemy!")
end

local Warrior = {}
Warrior.__index = Warrior
setmetatable(Warrior, Job)

function Warrior.new()
    local self = Job.new()
    setmetatable(self, Warrior)
    self.stamina = 5
    return self
end

function Warrior:attack()
    if self.stamina > 0 then
        print("I swing my weapon at the enemy!")
        self.stamina -= 1
    else
        print("I am too tired to attack")
    end
end
```

```lua
local Mage = {}
Mage.__index = Mage
setmetatable(Mage, Job)

function Mage.new()
    local self = Job.new()
    setmetatable(self, Mage)
    self.mana = 10
    return self
end

function Mage:attack()
    if self.mana > 0 then
        print("I cast a spell at the enemy!")
        self.mana -= 1
    else
        print("I am out of mana")
    end
end

local warrior = Warrior.new()
print("Warrior experience", warrior.experience)
print("Warrior stamina:", warrior.stamina)
print("Warrior mana:", warrior.mana) -- 应该为 nil
warrior:attack()
warrior:gainExperience(1)
print("Warrior experience", warrior.experience) -- 应该大于 1
print("Warrior stamina:", warrior.stamina) -- 应该小于 1
print("Warrior mana:", warrior.mana) -- 应该为 nil

local mage = Mage.new()
print("Mage experience:", mage.experience)
print("Mage stamina:", mage.stamina) -- 应该为 nil
print("Mage mana:", mage.mana)
mage:attack()
mage:gainExperience(1)
print("Mage experience:", mage.experience) -- 应该大于 1
print("Mage stamina:", mage.stamina) -- 应该为 nil
print("Mage mana:", mage.mana) -- 应该小于 1
```

第21章

制作一个玩家探测器，使用射线投射检测靠近的玩家。

位置和类型：Part > Script

代码清单 A-31

```lua
local Players = game:GetService("Players")

local detector = script.Parent

local DETECTION_RANGE = 20
local DETECTION_INTERVAL = 0.25

local DETECTED_COLOR = Color3.new(0, 1, 0)
local NOT_DETECTED_COLOR = Color3.new(1, 0, 1)

local function findCharacter(character)
    if character then
        local humanoidRootPart = character:FindFirstChild("HumanoidRootPart")
        if humanoidRootPart then
            local toCharacter = humanoidRootPart.Position - detector.Position
            local toCharacterWithRange = toCharacter.Unit * DETECTION_RANGE
            local raycastResult = game.Workspace:Raycast(detector.Position,
                toCharacterWithRange)
            if raycastResult then
                local hitPart = raycastResult.Instance
                if hitPart:IsDescendantOf(character) then
                    return true
                end
            end
        end
    end
    return false
end

local function checkForPlayers()
    for _, player in ipairs(Players:GetPlayers()) do
        local character = player.Character
        if findCharacter(character) then
            return true
        end
    end
    return false
end

detector.Color = NOT_DETECTED_COLOR
while wait(DETECTION_INTERVAL) do
    if checkForPlayers() then
        detector.Color = DETECTED_COLOR
    else
```

```
            detector.Color = NOT_DETECTED_COLOR
        end
end
```

第22章

本练习要求使用范例中的代码添加第二个可以摆放的物品，只要求达到玩家可以拖动半透明物品的程度。

位置和类型：StarterPlayer > StarterPlayerScripts > LocalScript

代码清单 A-32
```
local Players = game:GetService("Players")
local ReplicatedStorage = game:GetService("ReplicatedStorage")
local RunService = game:GetService("RunService")

local player = Players.LocalPlayer
local camera = game.Workspace.Camera
local mouse = player:GetMouse()

local playerGui = player:WaitForChild("PlayerGui")
local plopScreen = playerGui:WaitForChild("ScreenGui")
local plopChairButton = plopScreen:WaitForChild("PlopChairButton")
local plopTableButton = plopScreen:WaitForChild("PlopTableButton")

local ghostObjects = ReplicatedStorage:WaitForChild("GhostObjects")
local ghostChair = ghostObjects:WaitForChild("GhostChair")
local ghostTable = ghostObjects:WaitForChild("GhostTable")
local events = ReplicatedStorage.Events
local plopEvent = events:WaitForChild("PlopEvent")

local raycastParameters = RaycastParams.new()
raycastParameters.FilterType = Enum.RaycastFilterType.Whitelist
raycastParameters.FilterDescendantsInstances = { game.Workspace.Surfaces }

local plopCFrame = nil
local activeGhost = nil

local PLOP_MODE = "PLOP_MODE"
local RAYCAST_DISTANCE = 200

local function onRenderStepped()
    local mouseRay = camera:ScreenPointToRay(mouse.X, mouse.Y, 0)
    local raycastResults = game.Workspace:Raycast(mouseRay.Origin,
```

```
                mouseRay.Direction * RAYCAST_DISTANCE, raycastParameters)
        if raycastResults then
            plopCFrame = CFrame.new(raycastResults.Position)
            activeGhost:SetPrimaryPartCFrame(plopCFrame)
            activeGhost.Parent = game.Workspace
        else
            activeGhost.Parent = ReplicatedStorage
        end
    end
end

local function onPlopButtonActivated()
    plopChairButton.Visible = false
    plopTableButton.Visible = false
    RunService:BindToRenderStep(PLOP_MODE, Enum.RenderPriority.Camera.Value + 1,
onRenderStepped)
end

local function onPlopChairButtonActivated()
    activeGhost = ghostChair
    onPlopButtonActivated()
end

local function onPlopTableButtonActivated()
    activeGhost = ghostTable
    onPlopButtonActivated()
end

plopChairButton.Activated:Connect(onPlopChairButtonActivated)
plopTableButton.Activated:Connect(onPlopTableButtonActivated)
```

第23章

使用目前已经编写好的摆放物品的代码，在其中添加旋转物品的功能，让玩家在摆放时可以旋转物品。

位置和类型：StarterPlayer > StarterPlayerScripts > LocalScript

代码清单 A-33

```
local ContextActionService = game:GetService("ContextActionService")
local Players = game:GetService("Players")
local ReplicatedStorage = game:GetService("ReplicatedStorage")
local RunService = game:GetService("RunService")

local player = Players.LocalPlayer
```

```
local camera = game.Workspace.Camera
local mouse = player:GetMouse()

local playerGui = player:WaitForChild("PlayerGui")
local plopScreen = playerGui:WaitForChild("ScreenGui")
local plopButton = plopScreen:WaitForChild("PlopButton")

local raycastParameters = RaycastParams.new()
raycastParameters.FilterType = Enum.RaycastFilterType.Whitelist
raycastParameters.FilterDescendantsInstances = { game.Workspace.Surfaces }

local ghostObjects = ReplicatedStorage:WaitForChild("GhostObjects")
local ghostChair = ghostObjects:WaitForChild("GhostChair")
local events = ReplicatedStorage:WaitForChild("Events")
local plopEvent = events:WaitForChild("PlopEvent")

local plopCFrame = nil
local rotationAngle = 0

local PLOP_CLICK = "PLOP_CLICK"
local PLOP_ROTATE = "PLOP_ROTATE"
local PLOP_MODE = "PLOP_MODE"
local RAYCAST_DISTANCE = 200
local ROTATION_STEP = 45

local function onRenderStepped()
    local mouseRay = camera:ScreenPointToRay(mouse.X, mouse.Y, 0)
    local raycastResults = game.Workspace:Raycast(mouseRay.Origin,
        mouseRay.Direction * RAYCAST_DISTANCE, raycastParameters)
    if raycastResults then
        local rotationAngleRads = math.rad(rotationAngle)
        local rotationCFrame = CFrame.Angles(0, rotationAngleRads, 0)
        plopCFrame = CFrame.new(raycastResults.Position) * rotationCFrame
        ghostChair:SetPrimaryPartCFrame(plopCFrame)
        ghostChair.Parent = game.Workspace
    else
        plopCFrame = nil
        ghostChair.Parent = ReplicatedStorage
    end
end

local function onMouseInput(actionName, inputState)
    if inputState == Enum.UserInputState.End then
        ghostChair.Parent = ReplicatedStorage
        RunService:UnbindFromRenderStep(PLOP_MODE)
        ContextActionService:UnbindAction(PLOP_CLICK)
```

```lua
            ContextActionService:UnbindAction(PLOP_ROTATE)
            plopButton.Visible = true
            rotationAngle = 0
            if plopCFrame then
                plopEvent:FireServer(plopCFrame)
            end
        end
    end
end

local function onRotate(actionName, inputState)
    if inputState == Enum.UserInputState.End then
        rotationAngle += ROTATION_STEP
        if rotationAngle >= 360 then
            rotationAngle -= 360
        end
    end
end

local function onPlopButtonActivated()
    plopButton.Visible = false
    RunService:BindToRenderStep(PLOP_MODE,
        Enum.RenderPriority.Camera.Value + 1, onRenderStepped)
    ContextActionService :BindAction(PLOP_CLICK, onMouseInput, false,
        Enum.UserInputType.MouseButton1)
    ContextActionService:BindAction(PLOP_ROTATE, onRotate, false, Enum.KeyCode.R)
end

plopButton.Activated:Connect(onPlopButtonActivated)
```